生活的不确定性正是我们希望的来源。

——阿尔弗雷德·阿德勒

〔奥〕阿尔弗雷德·阿德勒（Alfred Adler）著

武秋艳 译

理解生活

Understanding Life

机械工业出版社
CHINA MACHINE PRESS

图书在版编目（CIP）数据

理解生活 /（奥）阿尔弗雷德·阿德勒
（Alfred Adler）著；武秋艳译. -- 北京：机械工业出
版社，2025．5. -- ISBN 978-7-111-77875-2

Ⅰ．B848

中国国家版本馆 CIP 数据核字第 2025CN1200 号

机械工业出版社（北京市百万庄大街 22 号　邮政编码 100037）
策划编辑：欧阳智　　　　　　　　责任编辑：欧阳智　侯思琪
责任校对：颜梦璐　张雨霏　景　飞　责任印制：单爱军
保定市中画美凯印刷有限公司印刷
2025 年 7 月第 1 版第 1 次印刷
147mm×210mm·7 印张·1 插页·121 千字
标准书号：ISBN 978-7-111-77875-2
定价：39.80 元

电话服务　　　　　　　　网络服务
客服电话：010-88361066　机　工　官　网：www.cmpbook.com
　　　　　010-88379833　机　工　官　博：weibo.com/cmp1952
　　　　　010-68326294　金　书　网：www.golden-book.com
封底无防伪标均为盗版　机工教育服务网：www.cmpedu.com

Understanding
Life

——— 目　录 ———

一个人遗传了什么不重要，重要的是他在早期生活中如何利用自身的遗传特质。

总想远离那些比自己强的孩子，而与比自己弱的孩子玩，这种不正常的自卑感被称为"自卑情结"。

性欲在生命早期就出现了。性驱力应该被约束在
一个有意义的目标之内。

—— 导　读 ——

活出阿德勒心理学，择你所爱的人生

　　成长过程中避免不了的困顿与疑惑、生活的压力和苦恼，这些关于人和生活的大哉问都能从个体心理学获得清晰的答案，甚至提出生命努力的方向。《理解人性》与《理解生活》是个体心理学爱好者必读的两本经典巨作，也是每位心理专业工作者的实用工具书。

　　阿德勒出生于奥地利，是一位对后世影响宏大深远的著名心理学家、心理治疗大师和儿童教育家。他曾接受弗洛伊德邀请出任维也纳精神分析学会主席和学刊编辑，阿德勒早期的研究以器官缺陷（organ inferiority）为主，当自卑

（inferiority）和补偿（compensation）开始成为阿德勒学说的中心思想时，他便与弗洛伊德产生了理念分歧，于1912年创立个体心理学派。

《理解人性》即阿德勒在创建个体心理学派之后出版的第一本著作，其重要性自不在话下。阿德勒致力于儿童心理健康辅导，并进一步推及成人心理教育，他在第一次世界大战时被征召入伍担任军医，悲天悯人的胸襟激发他于战后退伍开始四处讲学，并推动儿童辅导诊所的设立。《理解人性》是阿德勒在维也纳人民学院每周一回的演讲内容的结集，于1918年以德文出版，随后由参与阿德勒研究工作并场场出席的美国医学博士 W. B. 沃尔夫（W. B. Wolfe）进行英译，英文版于1927年问世，《理解人性》中文简体版即以英文版为翻译依据。同一时期也首度出版《理解生活》，两年后英文版问世。此时阿德勒已远赴美国，成为哥伦比亚大学的客座教授，十年后辞世于苏格兰。

个体心理学是历史上第一个从社会取向中发展出来的心理学系统，强调个体与群体的关系密不可分，也就是说人的性格发展深植于社会关系当中；人如果对群体生活适应不良，便可能产生性格偏差或缺失导致生活行为错误，从而影响自身或他人的生活质量。阿德勒认为："我们对他人的态度完全取决于我们对他们的理解，因此，我们有必要去理解他们，这是社会关系的基础。"(《理解人性》)他试图借由出版《理解人性》一书让大众了解四项主旨：①个体心理学的基础知识，增进对自我和他人的认识；②教导人如何辨认自己的错误及其影响；③进而能理解到个人的错误行为损人不利己，更影响群体生活；④个人如何针对生活和谐进行改善。《理解人性》全书章节分为两大部分，第一部分"人的行为"包含八章，阐述人类精神生活的发展、各种影响性格形成的因素，以及行为与性格背后的动机。第二部分"性格的科学"包含五章，说明不同性格与情感的特征。此书对于性格的描写丝丝入扣，充分展现了人性幽暗细微之处，有时令人莞尔一笑，有时又惊心动魄，仿佛身边的人就有此性格，长年来自己却未能察觉。这对于专业咨询人员进行咨询方针拟定十分实用，对于一般大众阅读亦能产生自我启发和成长之效力。

阿德勒使用一般成人能懂的口吻，在《理解人性》一书中细腻大胆地揭露人性和心理机制，解说精神生命由来以及性格的不同特征，将情绪也视为性格的一部分，涵盖了个体心理学的理论，并强调儿童教育之于人格形成的重要性。此书在个体心理学历史中具有特殊关键地位，主要是因为阿德勒于《理解人性》书中首度提出"社会感"（gemeinschaftsgefühl）》(或译为社会兴趣、社会情怀）这项贯穿个体心理学的核心概念。阿德勒说，人不够强壮到独自生活，群体生活是有必要的，因为透过分配劳务可以解决个体无法解决的问题，合作是群体生活所必需的技能。由于阿德勒亲身经历第一次世界大战，认为战争起因于人们缺乏足够的社会情怀，因此个体心理学致力于提倡培养人的社会情怀，是生活问题的终极解决之道。许多学习者对于社会感的概念感觉模糊难捉摸，翻译时的译名版本也层出不穷；事实上，阿德勒提出的社会感与孟子所描述的理想社会的"老吾老以及人之老，幼吾幼以及人之幼"，以及孔子对大同之世的理解"故人不独亲其亲，不独子其子，使老有所终，壮有所用，幼有所长，矜、寡、孤、独、废疾者皆有所养"等东方社会流传已久的儒家思想有异曲同工之妙；若从这个角度来理解社会感便清晰、容易得多。

　　另一个在《理解人性》中被强调的重要概念是"行为的目的性"（teleology）。人需要适应环境，并对环境做出反应，个体心理学假设每个人的心中都有着想要追求的特定目标，虽然个人可能对于自己的目标选择不太了解，也可能是模糊的想象目标，然而精神生活中的所有表现都朝向一个目标，是种对未来某些情境所做的准备，也像是一出从头到尾自编自导的戏剧。阿德勒在此书中再三提及辨识人们如何设定目标的重要性，伴随着他稍早发表的自卑感及其补偿（compensating of the feeling of inferiority）理论，说明目标设定是一种支配他人、胜过他人的倾向，基于幼年时期的不成熟和弱小，再加上来自家庭的影响，孩童很容易有不如人的自卑感，为了弥补自卑感，逐渐产生出被认同的需要并获取优越感。孩童也容易错误估计自己的自卑程度而建构出错误的行为目的，发展出被称为"问题儿童"的问题行为。

相较于《理解人性》侧重于人性心理机制的精细描述和说理，《理解生活》于1926年首次出版，原名为《生活的科学》(*The Science of Living*)，书中运用大量的临床实务案例，从个体心理学的角度来剖析人的性格，并呈现不同个体上的差异和独特性，对于如何进行阿德勒学派心理治疗或教育方针有更清晰的说明，在心理治疗和教育领域的实务工作上贡献宏大而深远。**阿德勒在《理解生活》一书中正式引介了"生活风格"(the life style)（或译为生命风格、生活方式）这个概念**，指的是人积极主动的天性，从受精细胞开始成长，包括欲望、感觉、记忆和做梦等，人的每一部分都是以自我整体一致性朝向目标前进。他强调人的独特性和自主创造性，主张人不会任由过去的经验决定自己，而能自主地决定如何运用该经验。在这一点上，个体心理学让人从过去的宿命论中解脱出来，重新赋权个人。在原著出版近百年后的今天，经典重译的此刻，阿德勒心理学对于人生问题所展现的釜底抽薪、解决问题的力道，仍让我们感到震撼。生活风格既然是由个人的自主决定所塑造，那么结果自然得自行承担，改变也需从自身做起。

《理解生活》一书中对于使用"早期回忆"（childhood memories）对人的生活风格进行探讨，有精彩的解析。阿德勒独创的早期回忆分析法，是最令人好奇和津津乐道的个体心理学概念，即请来访者回溯孩童时期的特殊事件，包括当时对该事件的想法和情绪，从回忆中去了解来访者对自己、他人和世界的看法，从而探索其需求、目标、生活风格和个人特质。早期记忆就像是探照灯，是阿德勒心理治疗技术中用来检视生活风格的主要工具，照亮生活风格的根源。也由于对于童年早期的重视，阿德勒认为研究本身并不是目的，目的在于造福人类，所以他对个体心理学的研究深入到了教育学领域，他对于家庭学校教育的论述，至今仍蔚为主流。他倡导儿童教育在家庭和学校的重要性，认为父母拥有培养儿童健全人格的最大优势，主张父母和教师需懂得生活风格的道理，才能敏锐察觉出儿童早期的错误，掌握最佳的修正时机。如果家庭无法提供适当教导，学校教师则成为儿童人格的第二道防线。

在心理治疗和教学工作中，经常能印证阿德勒对人性和生活的看法，他认为生活中出问题的人，他们在面对工作、社交和婚恋（或亲子家庭）困难时，因为缺乏社会感、不相信这些难题可以用合作的方式解决，而采用逃避或压抑、暴力或犯罪等不良方式，争取的目标是一种虚假的个人优越感，弥补过度夸大的自卑。从阿德勒的这两本经典著作中描绘个案心理感受的细致完善和深刻透析，便能看见阿德勒心理学对于人性和生活秉持着完全接纳与尊重的态度。阿德勒相信，每一个看似伤害的无理行为，背后都有良善的企图，想要追求成功的心意，只是受挫太深缺乏勇气与人合作；若能让来访者看见自己犯的错误，调整行为背后的目的，改变就有发生的契机。

笔者实践阿德勒心理原则于工作和生活多年，对于善用阿德勒学说造成人生巨大翻转的情形，时有见证并感悟深刻。**人生目标若能选择确切利人利己，成功已经在握，然选择一个具有社会感的目标则需要勇气，需要有与人合作的能力。**在《理解人性》与《理解生活》两本经典著作中，提供给我们重新**认识自己**和**人生面貌**的绝佳途径，阅读过程中请慢慢体会这位心理学百年大师的真知灼见，愿你我以阿德勒的智慧淬炼心灵，培养乐观有勇气的**人生风格**，成为更好的自己，**拥有幸福**的人生。

姚以婷

中国台湾亚和心理咨商和训练中心院长

北美和中国台湾阿德勒学会认证讲师

美国正面管教和鼓励咨询资深导师

推荐序一

来自维也纳的心灵教育大师

阿德勒于 1870 年出生于维也纳的郊区。这一时期前后的维也纳可以说是个非凡的地方，光是在心理治疗领域就贡献了多位世界级的大师，如精神分析（psychoanalysis）的创始人弗洛伊德（Sigmund Freud，1856—1939）、个体心理学（individual psychology）的创始人阿德勒（Alfred Adler，1870—1937）、意义疗法（logotherapy）的创始人弗兰克尔（Viktor Frankl，1905—1997）、心理剧（psychodrama）疗法的创始人莫雷诺（Jacob Moreno，1889—1974）、精神分析客体关系理论（object relational theory）集大成者克恩伯格（Otto Kernberg，1928—）和自体心理学（self psychology）创始人科胡特（Heinz Kohut，1913—1981），以及聚焦疗法（focusing therapy）的创始人简德林（Eugene Gendlin，1926—2017）。这几位大师，无一例外是犹太人，其中阿德勒、莫雷诺和弗兰克尔都曾经见过弗洛伊德，阿德勒则与弗洛伊德有过长期而富有细节的交往，可以说这三个人的思想和实践体系都同弗洛伊德保持着一定程度的张力，而其中张力最大者莫过于阿德勒。从某种程度上说，阿德勒更可以被划入教育家一类。

　　一个人选择或创造什么样的学派，往往与这个人的经历密不可分。阿德勒不像他的前辈及好友弗洛伊德般高大且"高贵"，弗洛伊德尽管有兄弟姐妹，但几乎是被视为独生子般为母亲所宠爱。学业上的不同凡响进一步造就了弗洛伊德坚毅或固执的个性。阿德勒或许是由于本人幼年时经常体验到自卑感，其思想核心之一便是识别出一个人的"自卑情结"以及此人为此所做出的补偿与努力，这或许让出身于草根的读者感到更加亲切。阿德勒作为多子女家庭的一员，对同胞间竞争的动力有着深刻的体会，所以会对出生顺序对人格和动机的影响非常敏感。然而这些并不是阿德勒思想最为深刻的地方，在我看来，他最为核心也最为坚持的对人性的看法就是"人性深深根植于社会之中"这一点。罗伯特·鲁尼恩

（Robert Runyon，1984）[⊖]在其长文中列表分析了弗洛伊德和阿德勒之间的 20 点不同，细细读来会让人产生一种"既生瑜，何生亮"式的感慨。弗洛伊德的目光直指人性的深处，窥视晦暗幽冥之处的人性"小九九"，并努力使之大白于天下（荣格在这一点上似乎研究得更深，深到弗洛伊德都大呼"受不了"）。Adler 的本意是"鹰"，这只鹰的眼睛似乎总往外看。

阿德勒的诸多提法，如"社会兴趣""自卑与补偿""生活风格与生活任务""家庭序列与出生次序"等，完全不类于高深莫测的弗洛伊德和荣格式"行话"，基本上可以"望文生义"。正是因为如此，国内的阿德勒研究似乎不怎么火，好像太浅了不值得研究。然而心理治疗流派演化史中受过阿德勒影响的可以列出一份长长的清单，如罗洛梅、马斯洛、艾利斯、霍尼、沙利文、弗洛姆、伯恩等。其中，霍尼为国内学界较早地认识并译介，霍尼在精神分析阵营的内部开辟了新精神分析的道路，是精神分析社会文化学派的奠基者，并启发了弗洛姆的"马克思主义精神分析"。有学者通过概念的研究，发现霍尼的理论与阿德勒几乎呈现一一对应的关系

⊖ RUNYON R (1984). Freud and Adler: a conceptual analysis of their differences [J]. Psychoanalytic review, 71(3): 413-422.

（Nathan Freeman，1950）[⊖]，由此可见我们重读阿德勒的重要性。

　　摆在读者面前的这两部书——《理解人性》《理解生活》大致上可以被合称为"个体心理学导论"，它们成书于作者思想的成熟期。书中，阿德勒以演讲体的风格娓娓道来，平实的语言中蕴含了作者对人性和生活的深刻洞察。无论是从事临床心理的研究者还是家长、老师都可以从中获益。祝各位开卷有益，让我们开启与来自维也纳的心灵教育大师的跨时空对话。

张沛超博士

资深心理咨询师

香港精神分析学会副主席

　　⊖　FREEMAN N (1950). Concepts of Adler and Horney. The American journal of psychoanalysis, 10(1): 18-26.

推荐序二

近看是矮子，远看是巨人

　　阿德勒是一个矮子，大概比我还要矮一点儿。

　　我有多高？这么说吧，当初我报考警察，就因为身高不够而落榜。落榜就落榜，我只当缘分不够，总归是没有人骂我的。

　　可是，当初阿德勒与弗洛伊德分手（阿德勒是第一个与弗洛伊德分道扬镳的人）的时候，弗洛伊德就骂他是个"变态"，以及是个"妄想、嫉妒和玩世不恭的矮子"。当然，阿德勒也回敬弗洛伊德了，他说弗洛伊德是个"骗子"，而他的

精神分析就是"垃圾"。[⊖]

弗洛伊德的精神分析是"垃圾",那阿德勒的理论又是什么呢?

1911年,阿德勒被迫离开了维也纳精神分析学会,同时带走了几位亲密的同事,他们走进了附近的一家咖啡馆,拍桌子决定要成立一个新的团体——自由精神分析协会。他们想要更多的自由,想要打破原来精神分析的框架与束缚。1913年,这个团体更名为"个体心理学学会"。阿德勒开始称自己的理论为个体心理学。

在1914年发行的第一期《个体心理学》杂志中,阿德勒这样写道:

> 个体心理学这个名字传达了这种观念,心理过程及其表征只有在个体的背景下才能得到理解,所有心理学的真知灼见都源于个体本身。我们当然知道完全理解一个单独的个体绝无可能,但是不能阻止我们在一定的历史背景下了解个体的整体人格。在各种情况下,我们得问神经症从哪里来,更重要的是向何处去。神经症是源于童年的器官缺陷还是生活的挫折,向何处去就是他的生活计划是什么。

⊖ SCHULTZ D P, SCHULTZ S E.现代心理学史[M].叶浩生,杨文登,译.北京:中国轻工业出版社,2015:453.

从上面这段文字，我们大致可以看出阿德勒的个体心理学与弗洛伊德精神分析的一些区别。

弗洛伊德喜欢使用自然科学的研究方法去分析人类的精神世界，例如他把心理划分为意识、前意识和无意识，把人格划分为本我、自我和超我，**而阿德勒强调个体心理学是"一种关注人性的哲学和重视个体整体性的心理学"，他关注的是人格的整体性和一致性**。弗洛伊德认为神经症的起源是童年性欲的压抑和扭曲，而阿德勒认为神经症源于童年的器官缺陷或生活挫折带来的自卑感。当然，不可否认的是，在神经症起源这一点上，弗洛伊德和阿德勒在很大程度上都依赖于自己的个人经验。

弗洛伊德从小在家中就体验到了俄狄浦斯情结，他曾在两岁至两岁半之间，在一次短途旅行中看到了母亲的裸体并且念念不忘，而阿德勒的两岁时光要悲惨得多，他的早期回忆中充满了无奈与悲伤：

> 在我最早的记忆中，有一段是身患佝偻病的我缠着绷带坐在一张长凳上，身体健康的哥哥则坐在我的对面。他可以跑，可以跳，可以轻松地在地上四处活动，但对我而言，每个动作既痛苦又费力。每个人都很努力地想帮我，父母更是竭尽心力。当时的我应该是两岁左右。

因为罹患佝偻病，阿德勒直到四岁才会走路。而在五岁那年，阿德勒又经历了一场生死磨难。在一个寒冷的冬天，有一个大男孩带他去滑冰，可是滑着滑着，大男孩不见了踪影；阿德勒站在冰面上，冻得瑟瑟发抖，后来自己跌跌撞撞地走回了家。这次阿德勒不幸地感染了肺炎，医生认为他已经无望了。但正如你知道的结果，他竟然从死神手里逃脱了，而且阿德勒发誓，长大后他要成为一名医生！

当然，他做到了。阿德勒一直努力补偿他早年的身体缺陷，逐渐成长为一个健康、活跃的小伙子，并且成了一位优秀的眼科医生和内科医生。在结婚前，他写信给自己的女朋友莱莎——一位俄国姑娘，满怀信心地说道："虽然小时候我患过重病，但现在我很健康，我成了医生，我战胜了死亡，我有能力和你共创美好未来！"

这身体上的缺陷带来的自卑感也许还好补偿，但是心理上的自卑感就没那么容易解决了。（**最初，阿德勒把自卑感与身体上的缺陷联系在一起，后来他扩展了自卑情结这一概念，把任何身体的、心理的和社会的障碍，不管是真实的还是想象的，都包括在内。**）

正如前面所说，阿德勒有一个身体健康的哥哥——他的名字叫西格蒙德。与身材魁梧、长相英俊的哥哥相比，阿德勒的样貌怎么也算不上潇洒：矮小的身材，又圆又大的头，再加上厚实的额头和宽大的嘴巴。更糟糕的是，西格蒙德在家中备受父母宠爱，大家都认为老大是家里最聪明的、最有天赋的，因此，阿德勒总觉得自己生活在模范大哥的阴影之下。甚至直到中年，他还会小心翼翼地评价这位已是富商的大哥西格蒙德："一个善良又勤奋的家伙，他一直超过我！"

可是问题的关键恐怕还不在于这个西格蒙德，而在于另外一个西格蒙德：西格蒙德·弗洛伊德。据说弗洛伊德的《梦的解析》一书遭到他人的抨击，而作为粉丝的阿德勒公开发表文章声援弗洛伊德。于是，弗洛伊德就邀请阿德勒来参加他们每晚八点半的星期三学社，其实一开始也就五个人。最初，阿德勒风雨无阻，每周都来参加会谈并且积极发言。当然，弗洛伊德也没有亏待这个勤奋上进的年轻人，1910年，阿德勒被任命为维也纳精神分析学会（前身即星期三学社）的主席和学会杂志《精神分析杂志》(*Zentralblatt für Psychoanalyse*) 的主编。

然而，阿德勒童年的自卑感仍在隐隐作痛、伺机发作，他把西格蒙德·弗洛伊德当作要去挑战的"大哥"，对其理论根基提出异议，而这当然是作为母亲最关爱的长子弗洛伊德所无法容忍的。结果是，阿德勒被逐出了维也纳精神分析学会，日后还不时遭到弗洛伊德那伙人的口诛笔伐。幸运的是，阿德勒离开时不仅带走了几位亲密的小伙伴，还带走了一张极为珍贵的明信片。以后每当有报道称阿德勒曾是弗洛伊德的门生时，他就会拿出这张发黄的明信片，上面写着：

> 非常令人尊敬的同事先生：
>
> 　　为了探讨我们共同感兴趣的话题——心理学和精神病学，小组里的同事和追随者每晚八点半在我家开始讨论，它正在给我带来会谈的快乐。……你愿意加入我们吗？……我期望你早日答复是否愿意加入我们。今晚你过得愉快吗？
>
> 　　作为你的同事致以我诚挚的问候！
>
> 　　　　　　　　　　　　　　弗洛伊德博士[⊖]

阿德勒手持明信片，仿佛在说：你看，当初弗洛伊德邀请我的时候，上面写的明明是同事嘛！

在阿德勒去美国之后，有位年轻的后生经常去听他讲课。有一天，这位后生无意间问起一个问题，涉及阿德勒以前是弗洛伊德的门生，阿德勒当时勃然大怒，满脸通红，声音很大，引得人们纷纷侧目。他宣称自己从来就不是弗洛伊德的学生、门徒或追随者，而一直是一个独立的医生和研究者。（这一举动虽然吓得这位后生不知所措，但他还是从阿德勒那

⊖　郭本禹，吴杰. 阿德勒：个体心理学创立者［M］. 广州：广东教育出版社，2012：49.

里收获颇多，后来成为一位著名的人本主义心理学家，他名叫马斯洛。)

的确，阿德勒和弗洛伊德的理论在某种程度上相差甚远。在第一期《个体心理学》杂志上的那一段话中，你可能还看出了他们之间很重要的一点区别：弗洛伊德关注个体的过去，即是什么原因使一个人变成了现在这个样子，他认为帮助病人找出存在于无意识中的症结即可缓解，而**阿德勒更关注未来，即是什么目标在引领一个人克服缺陷，追求卓越**！正如他所说："我们得问神经症从哪里来，更重要的是向何处去……向何处去就是他的生活计划是什么。"

如果说弗洛伊德是一名寻找病根、医治疾病的良医，那么阿德勒更像是一名教育家，他强调的是一个人如何健康地成长和发展，他关注个体生命的意义，换句话说，他教导一个人如何在世上安身立命。

阿德勒认为，人生在世，每个人都面临着三种重要的关系——工作、社交和婚恋，这三种关系构成了三个问题：如何谋求一种工作，使我们在自然资源的限制之下得以生存；如何找到我们在群体中的位置，使我们能够与人合作，并分享合作的利益；如何调整我们自身，以理解两性的存在和依赖于两性关系的人类繁衍问题。

阿德勒发现，一切人类问题都可以归类到这三个主题之中，而每个人对这三个问题的回答，即反映出他对生命意义的最深层感受。他举例说，假使有一个人，他爱情生活的各方面都非常甜蜜而融洽，他在工作上取得了可观的成就，他的朋友很多，他的交际范围广泛而成果丰硕。我们就能断言，这样的人必然会感到生活是个富于创造性的历程，生活中充满了机会，而没有不可克服的困难。

阿德勒理论的众多应用之一是叙事取向的生涯咨询。其核心理念是，最初面临的生活挫折或困境会在个体的记忆中形成一种执念，而个体也会因此形成一种生活风格，有时在无意识中将其转换成一种职业，从而克服童年时期的缺陷和自卑，实现生命的完满。

除了那个从小口吃口含石子勤奋练习，后来成为著名演说家的古希腊人德摩斯梯尼之外，我再举一例。

作为一个男孩，功夫巨星李小龙是我的人生偶像之一。我小时候经常学着李小龙的样子：双脚踮起来跳来跳去，忽然大拇指一抹鼻子，右脚再闪电般地抬起，一声"我打……"长啸而出，假想中的敌人便应声倒地。在我的心目中，李小龙便是力量与强者的化身！

后来，我才发现李小龙并非天生就很厉害，相反，他是因为儿时体质不好才开始习武的，而且他的身体在很多方面存在缺陷。比如，我们在电影里经常看到李小龙脚尖着地，轻盈地跳来跳去，可谁能想到他竟是扁平足，脚后跟本来就很难着地。还有他那招牌性动作抹鼻子也不是为了耍酷，而是他自小就有鼻炎！再看他那犀利的眼神，竟然出自一双近视600多度的眼睛，幸亏他练的咏春拳讲究的是近身格斗。一个有着诸多器官缺陷的人，却将身体机能发挥到了几乎是人类的极限，实在令人不可思议！

心理学家威廉·詹姆斯曾经写道：为了征服磨砺和苦难，人们必须把它们上升为命运的伙伴，而且，既然苦难在我们心中，那么就必须与它相遇，根据自己的目标处理它，而不是每天都躲避它。这与阿德勒的观点一致，通过征服他们的磨砺和苦难，人们会超越自己，抵达其对立面。人们会把弱势变成优势，把恐惧变成勇气，把孤独变成关系，把痛苦变成意义。个体最强大的力量来自他解决问题的过程。而实践证明，行之有效的方法就是把一个人的执念（preoccupation）变成职业（occupation）。

执念源自个体面对世界的最初经验，尤其是所遭遇的挫折，然后它始终萦绕在个体的早期回忆中，促使个体与之周旋、战斗。因此，阿德勒说，无论来访者什么时候来寻求职业指导，他都会询问他们关于生命早期的记忆。他认为，对于童年早期的记忆确凿地展示了来访者一直以来将自己训练成什么样子的人——从千疮百孔到光彩照人，从默默无闻到成为盖世英雄！

许多心理学家声称，阿德勒的理论过于浅显，依赖于对日常生活的常识性观察，但另一些人则认为阿德勒的观点敏锐而富有见地。**当我们阅读阿德勒时，会发现他所描述的既是家常琐碎，又是真知灼见。对于职业选择、两性关系、学校教育和家庭生活，似乎每个人都能插得上嘴、说道几句，但又没有人能像阿德勒那样看得明白、说得透彻。**对于阿德勒理论的广泛性和通俗性，心理学家亨利·艾伦伯格是这样评论的：

> 像阿德勒这样四处被抄袭却从未得到他人致意的人并不多见。他的学说已变成一句法国方言所形容的"公共广场"，任何一个人都可以进入其中并取走任何东西却都不会感到羞愧。某位作者可能害怕而谨慎地表明自己由他处所引用的任何文字。但是，一旦来源是个体心理学，他的做法就绝非如此；情况变得似乎是，阿德勒从来未贡献过任何独创性的东西。

弗洛伊德曾嘲弄阿德勒的理论过于简单，他认为由于精神分析的复杂性，学习精神分析需要花费两年的时间，但是**学习阿德勒的理论只需要几周的时间，"因为没什么东西可以**

学习"。[⊖]而阿德勒认为，这恰恰就是他想要获得的效果。他花费了 40 年的时间使自己的理论变得简单，更易理解。

确实，我们不得不承认，阿德勒比弗洛伊德关注的主题更为广泛，同时他又比荣格的神秘主义更为实用。他对生活和人性的看法影响着我们，而且我们理应接受他的影响！

马斯洛在去世前还撰文说："对我来说，阿尔弗雷德·阿德勒年复一年地变得越来越正确。正如这些事实表明，它们越来越强烈地维护着他这个人的形象。我必须指出，尤其是在他对整体性的强调这一点上，这个时代仍然没有赶上他。"

在一个世纪之后，相隔了时空，我们仍然能看到阿德勒的身影，这证明他不是一个矮子，而是一个巨人。

郑世彦

心理咨询师，《看电影学心理学》作者

黄光国译本《自卑与超越》责任编辑

⊖ 阿德勒. 自卑与超越［M］. 吴杰，郭本禹，译. 北京：中国人民大学出版社. 2013：23.

每一个梦都有一个目的，一般来说，梦的目的是创造某种情感活动，这种情感活动反过来又促进了梦的进行。

第 1 章

个体心理学原理

一个人遗传了什么不重要，重要的是他在早期生活中如何利用自身的遗传特质。

伟大的哲学家威廉·詹姆斯曾经说过，只有与生活直接相关的科学才是真正的科学。也就是说，对于与生活直接相关的科学，理论和实践是密不可分的。生活的科学是在生活中的各种行为活动基础上形成的，因此实际上是研究如何生活的科学。这种说法尤其适用于个体心理学。因为个体心理学直接关注生命科学是如何在生活过程中形成的，所以它变成了一门关于生活的科学。这些思考以一种特别的力量被应用到个体心理学这一科学中。

　　个体心理学试图将个人生活看作一个整体，而且将每个反应、举动和冲动都视作个体对生活的态度的重要组成部分。这样一门科学必然以实践为导向，我们可以借助相关的知识纠正和改变自己的态度。因此，个体心理学在双重意义上具有预言性：它不仅可以预言将来要发生什么，而且可以避免某些事情的发生。

目标追求

> 个体的生活目标有助于我们理解个体诸多
> 行为背后隐藏的含义。

个体心理学是在理解生命的神秘创造力的过程中逐渐形成的。这种创造力表现在人们渴望提高自我、拼搏进取、实现目标上，甚至在某方面有缺陷时，渴望在其他方面取得成就作为补偿。这种力量以目标为导向，表现在追求目标的过程中，而且在这个过程中，身体和精神配合得非常默契。因此，抽象地研究身体活动和精神状态而不与人这一整体联系起来是非常荒谬的。例如，在犯罪心理学中，如果认为我们应该更多地关注罪行而不是罪犯，则是十分荒谬的。事实上，罪犯本身才是最重要的因素。无论我们对罪行如何煞费苦心地去想，除非将它看作个体生活中经历的一个事件，否则我们无法真正理解这个罪行。同样的行为在这个案件中是有罪的，在另外一种情况下则可能是无罪的。关键是要理解他的生活经历，了解他的生活目标，这些决定了他的行为活动的方向。个体的生活目标有助于我们理解个体诸多行为背后隐藏的含义。反之亦然，当我们研究各个部分时，只有将它们看作一个整体的各个部分，才能够对整体有更好的认识。

以我本人的经历为例，我对心理学的兴趣起源于我在医学方面的经历。医学实践让我形成了以目标为导向的思维方式，这对我理解心理学非常必要。在医学中，所有器官都有明确的发展目标，它们在发育成熟后都有明确的组织形式。当某器官有缺陷时，我们会发现机体通过特殊的方式克服缺陷，或者会促成另外一个器官的生长，以承接有缺陷的那个器官的生理功能。生命总是设法延续，生命的力量绝不会轻易向外界障碍屈服。

精神活动与器官的生理活动是类似的。每个人的内心都有一个目标或理想，它为我们的未来提出了一个具体的奋斗目标，以促使我们超越现状，克服当前的缺陷和困难。有了具体的目标，人就会认为并且感觉自己能够战胜当前的困难，因为成功的画面就刻在他的脑海中。如果没有明确的目标，个体的一切行为就失去了意义。

> 所有的证据都表明，具体的个体生活目标的确立发生在生活的早期，也就是童年成长期。

所有的证据都表明，具体的个体生活目标的确立发生在生活的早期，也就是童年成长期。成熟个性的原型就是在这个时期开始发展的。我们可以想象这是怎样的一个过程。一个柔弱自卑的孩子发觉自己处于一种无法忍受的境况中。因此，他开始努力发展自己，朝着为自己选择的目标方向发展。在这一时期，决定人生的发展目标要比发展所需的物质条件更重要。很难说个体的生活目标是如何确定的，但很显然它确实存在，而且主导着孩子的每个行为。我们对生命早期的力量、冲动、理智、能力以及缺陷等知之甚少。对此，人们至今都没有答案，因为只有在孩子确定了生活目标之后，发展方向才能确定下来。而我们只有看清楚了孩子的发展方向之后，才能预测他今后的选择。

我承认，在我提到"目标"这个词的时候，读者不是特别清楚它的含义，因此有必要将这个概念具体化。人的最高目标是成为像"上帝"一样的人，但是成为像"上帝"一样的人是最终目标，教育者不应该轻易尝试教育自己和学生要成为像"上帝"一样的人。事实上，我们发现孩子在成长的过程中会为自己设定一个更加具体和直接的目标。他会在身边寻找最强大的人作为他的榜样或目标。这个人可能是父亲，也可能是母亲。因为我们发现，如果母亲看起来是最强大的人，即使是男孩，也可能受到影响而模仿他的母亲。之后，他可能想要成为马车夫，因为他认为马车夫是最强大的人。

> 孩子在成长的过程中会为自己设定一个更加具体和直接的目标。他会在身边寻找最强大的人作为他的榜样或目标。

当孩子第一次产生成为马车夫这一目标时，他会模仿马车夫的所有特点，包括行为、感觉和着装。但是，警察动一动手指，马车夫就什么都不是了……

所以，孩子的目标就变成了当医生或老师。因为老师可以惩罚学生，所以孩子会尊崇老师为强大的人。

孩子会选择一个具体的人物作为他的目标，我们发现他选择的目标直接反映了其社会兴趣。当问一个男孩子他今后想要成为什么样的人时，他会说："我想要成为一个刽子手。"这就表明他缺乏社会兴趣。这个男孩想要主宰生与死，而这一角色属于"上帝"一类的角色。他想要比社会更加强大，因此走向了对生活无用那一面。成为医生这一目标也是源于他想要像"上帝"一样主宰生与死，但是这个目标是通过服务社会实现的。

统觉模式

原型可以被看作包含个体生活目标的早期个性，原型一旦形成，人生的发展方向也确定了，个体在未来会成为什么样的人也就基本定型了。正是这一事实，能够让我们预测个体今后的生活中会发生什么。自此，个体的统觉就开始为他的人生目标服务了。孩子不会按照真实情境实际的样子去感知它，而是根据个人的统觉模式去感知，也就是说，他会带着个人的兴趣爱好产生的偏见理解所处的情境。

> 一个患有胃病的孩子对吃具有超常的兴趣，视力有问题的孩子则迷恋一切可见事物。要想知道一个孩子的兴趣所在，或许只需弄清楚他的哪个器官有缺陷。

在这种联系中，我们发现了一个有趣的事实：有生理缺陷的孩子总是倾向于将他们所有的人生经历与有缺陷的生理功能联系起来。例如，一个患有胃病的孩子对吃具有超常的兴趣，视力有问题的孩子则迷恋一切可见事物。这种迷恋与个体的统觉模式是一致的。因此，要想知道一个孩子的兴趣所在，或许只需弄清楚他的哪个器官有缺陷。但是，事情往往没有那么简单。孩子不以旁观者的方式看待自己的器官有缺陷这一事实，而是受到他自己的统觉模式的影响。因此，尽管生理器官的缺陷会影响一个人的统觉模式，但我们并不能根据对有生理缺陷的器官的外在观察推测出个体的统觉模式。

　　和成人一样，孩子也懂得相对论，即没有哪个人可以掌握绝对的真理，即使科学也不是绝对正确的。科学基于常识，也就是说，它是不断变化的，较大的错误不断地被越来越小的错误代替。我们每个人都会犯错，但重要的是我们能够修正这些错误。修正错误在原型形成时期更容易。如果我们在那个阶段没有修正错误，今后想要修正可能就需要回顾当初的完整情境了。因此，如果我们眼前有一项任务是治疗一位精神病患者，我们要做的事情就是发现他在原型成形时期所犯的根本性错误，而不是成年之后所犯的日常错误。如果我们能够发现这些根本性错误，就有可能通过适当的疗法修正它们。

　　从个体心理学的角度来看，遗传并不那么重要。一个人遗传了什么不重要，重要的是他在早期生活中如何利用自身的遗传特质，即他在童年成长环境中建立形成了怎样的原型。遗传当然是先天性的生理缺陷的原因，但是我们要做的是缓减孩子的特殊困难，把他安置在一个适应的环境中。事实上，这正是一个优势，因为我们发现了缺陷所在，就知道如何采取有针对性的解决办法。那些没有任何遗传缺陷的孩子虽然看起来健康，但往往因为营养不良或错误的抚养方式而生活得比较糟糕。

　　现在我们要探讨个体心理学中的一个教育和培训项目，

这个项目针对的是神经症患者，包括神经症儿童、罪犯和那些试图通过酗酒逃离有意义的生活的酒鬼。

为了容易、快速地理解问题所在，我们首先要问这些人，他们的问题是从什么时候开始出现的。通常，人们会将出现的问题归因于新情境。但其实这是不对的，因为我们调查发现，在新的情况发生前，他们根本没有为应对新情况做好准备。只要个体处在有利的环境中，他的原型中的错误就不会显现出来，而每个新情况从本质上来说，是对个体基于统觉模式如何应对新情况的测试，而个体的统觉模式是由原型产生的。个体的反应不是被动的，而是有创造性的、与他的生活目标是一致的。早期个体心理学研究得到的经验是，我们可能忽视了遗传和统觉模式的重要性。原型对各种经历的反应与统觉模式是一致的。我们的工作必须基于个体统觉模式，这样才能产生一定的成果。

自卑感和社会兴趣

> 生理缺陷、被溺爱和被厌恶对孩子发展不利，他们在成长的过程中从来没有学会独立。

对于有先天性生理缺陷的孩子来说，心理状态是最重要的。因为这些孩子的处境比其他孩子更加困难，所以他们表现出了更加强烈的自卑感。在个体的原型刚开始形成时，他们对自己的关注就已经大于对他人的关注，而且在之后的生活中他们也是这样的。生理缺陷并不是导致个体原型出现错误的唯一原因，其他情况也可能导致相同的错误，例如在童年期被溺爱或被厌恶。我们稍后会更加详细地讨论有生理缺陷、被溺爱和被厌恶这三种对孩子发展不利的情况，并且通过案例来进行说明。目前我们只需要知道，这三类孩子是在不利的环境下成长起来的，他们时刻担心被攻击，因为他们成长的过程中从来没有学会独立。

社会兴趣对于我们的教育和治疗是最重要的，所以有必要从一开始就理解社会兴趣。只有勇敢、自信、从容的人才能同时从生活的考验和惠顾中有所收获。他们从来不害怕。他们知道自己会遇到困难，但是他们也知道自己能够克服这些困难。他们为应对生活中的困难（即社会性问题）做好了充分的准备。从人类的角度来说，我们有必要为社会行为做好准备。对于前面提到的三种类型的孩子来说，他们在原型形成之时就对社会不怎么感兴趣。他们的心理状态不利于其实现生活目标或克服困难。挫败感导致他们的原型对于生活中的问题抱有一种错误的态度，而且使得其个性倾向于朝着无益的方向发展。而我们在治疗这类病人时要做的是，帮助他们养成对生活有用的行为习惯，建立起对生活和社会有意义的态度。

缺乏社会兴趣使得人们关注对生活无益的方面。缺乏社会兴趣的孩子变成了问题儿童、罪犯、精神病患者以及酗酒者。对于这些案例而言，我们的任务是帮助他们回到生活的有益面，让他们开始对他人感兴趣。从这个意义上来说，所谓的"个体心理学"实际上是一门社会心理学。

常识及其缺陷

观察发展不良的孩子时，我们会发现，尽管他们看起来都非常聪明（可以正确回答你的问题），但表现出一种很强的自卑感。当然，聪明不是每个人必须有的。这些孩子身上有一种完全个人化的心理态度，这种态度经常出现在神经症患者身上。例如，对于强迫症患者来说，他们明知道总是数窗户是无益的事情，但无法停下来。对有用的事情感兴趣的人从来不会这样做。精神失常的人有自己的理解方式和语言。他们从来不使用常识性语言，而常识性语言反映了个体的社会兴趣程度。

> 精神失常的人有自己的理解方式和语言。他们从来不使用常识性语言，而常识性语言反映了个体的社会兴趣程度。

对比常识性判断和个人判断，我们会发现，基于常识的判断通常来说是正确的。人们应用常识可以区分好和坏，尽管在复杂的情况下，简单的常识会使我们犯错，但是随着常识的逐步积累，这些错误会在新的常识的基础上自我纠正。对于那些只关注个人兴趣的人来说，他们不能像其他人那样轻易地区分好和坏。事实上，他们反而会暴露自己的不足，因为他们的所有行为，旁观者看得一清二楚。

以犯罪为例，如果询问罪犯的智商、理解能力和犯罪动机，我们会发现罪犯总会认为自己聪明又英勇。他认为自己已经获得了某种优越感，觉得自己比警察还聪明，能够超越其他人。在他看来，自己是一位英雄，却没有意识到自己的行为根本不是英雄行为。缺乏社会兴趣使他把精力都花在了对生活无用的方面，而不能明白缺乏社会兴趣与缺乏勇气、怯弱有关。那些执着于对生活无用的事情的人害怕黑暗和孤独，他们希望与他人在一起。这是一种怯懦的表现。事实上，制止犯罪的最好方法是让每个人明白，犯罪没什么大不了，只能表明一个人的怯懦。

众所周知，有些罪犯在快 30 岁的时候会找一份工作，结婚，余生成为遵纪守法好公民。这是为什么呢？以小偷为例，一个 30 岁的小偷怎么能够比得过一个 20 岁的小偷？后者更聪明，也更强壮。而且到了 30 岁，罪犯不得不考虑改变生活方式，他已经很难靠犯罪生活下去了，因此他会选择金盆洗手。

我们还须知道另一个与罪犯有关的事实，那就是罪犯生活在以自我为中心的世界里，在他们的世界里没有真正的勇气、自信、常识或者对大众所持的价值观的理解。这些人很难融入社会。神经症患者不太可能成立一个俱乐部，对于有陌生环境恐惧症或者精神错乱的人来说，这根本就不太可能。问题儿童、自杀者从来不交朋友，其中的原因一直不为人们所知。然而，有一点是确定的：他们从来不交朋友，是因为他们的早期生活是以自我为中心的。他们的原型选择了错误的人生目标，并且把他们引向了生活的无益面。

父母的影响

继社会兴趣之后，我们接下来的任务是弄明白个体发展过程中遇到的困难。乍一看，这一任务似乎让人不知如何下手，但实际上它并不复杂。我们知道，每个被溺爱的孩子最终都会被人讨厌。在我们的文化中，不管社会还是家庭都不愿无止境地溺爱孩子。被溺爱的孩子很快就会遇到各种生活问题。在学校里，他会发现自己处在一个新的社会环境中，面临新的社会问题。他不想与同伴一起写作业或玩耍，因为在这之前，他还没有学会适应学校的集体生活。事实上，原型形成阶段的生活经历让他害怕这样的处境，并促使他寻求更多的溺爱。这个孩子的性格根本不是遗传的，因为从他的原型和人生目标就能推测出他会形成这样的性格。这样的特殊性格使他朝着人生目标发展，因此，引导他向其他方向发展的性格也就不太可能出现在他身上了。

> 脾气暴躁的父亲会使女儿形成排斥男性的原型，因为她认为所有男性都和父亲一样脾气暴躁。而严厉的母亲会使儿子形成排斥女性的原型。

接下来是对原型的分析。原型在四五岁的时候就已经形成了，因此，我们必须寻找那个时期或之前孩子对生活的印象。这些印象因人而异，甚至远比我们从正常成年人的角度所能想象到的复杂得多。最常见的影响之一是父亲或母亲的过度惩罚或责骂给儿童造成的情感压抑。这种影响促使孩子寻求解脱，有时候表现为心理排斥感。因此，脾气暴躁的父亲会使女儿形成排斥男性的原型，因为她认为所有男性都和父亲一样脾气暴躁。而严厉的母亲会使儿子形成排斥女性的原型。这种排斥的态度可能表现得不一样。例如，有的孩子会非常害羞，或者会变得性反常（另一种排斥女性的方式）。

这些异常行为不是遗传的，而是源于原型形成时期孩子的成长环境。

孩子为他们早年所犯的错误付出的代价很高。尽管如此，他们得到的引导很少。父母们不知道或者不愿向孩子承认他们对孩子造成的影响。因此，孩子只能带着这样的错误继续走下去。

在我们讨论这一话题时，强调惩罚、责备、说教不会带来任何好的影响怎么都不为过，只有当孩子和家长知道要在哪些方面进行改正时，惩罚、责备、说教才有作用。如果孩子不理解自己为什么受到惩罚，他就会变得更加狡猾和怯懦，而他的原型不会因为惩罚和说教而发生改变。而且，因为生活经历与个人统觉模式是一致的，而个人统觉模式与原型是一致的，所以原型也不会被生活经历改变。只有触及深层的个性，我们才能促成改变。

情感和梦

生活的科学所要研究的下一个问题是情感。个人生活目标所决定的发展方向不仅影响个体的性格、身体运动、表达方式和一般的外部特征，还影响个体的情感生活。值得注意的是，人们常常试图用情感解释自己的态度。所以，当一个人想要做好自己的工作时，这个想法会被放大并主导他的情感生活。

我们可以断定，个体的情感与他对工作的态度往往是一致的：情感会强化个体的行动倾向。情感始终伴随着人们的行动，哪怕是一些本来不涉及情感的事情，人们也会加入一些自己的情感。

这一点在梦中表现得尤为明显，发现个体做梦的目标或许是个体心理学最新的成就之一。每一个梦都有一个目的，不过直到最近我们对此才有了清楚的认识。一般来说，梦的目的是创造某种情感活动，这种情感活动反过来又促进了梦的进行。有一个有意思的旧时说法：梦都是有欺骗性的。在梦中，我们以喜欢的方式行事。梦是对我们清醒时的计划和态度进行的富有感情的排练。然而，这种排练中的剧情在实际生活中不会发生。从这点来看，梦确实是欺骗性的，情感性想象激发了付出行动带来的快感，但没有真的促使行为的发生。

> 每一个梦都有一个目的，一般来说，梦的目的是创造某种情感活动，这种情感活动反过来又促进了梦的进行。

梦的这一特征也表现在我们清醒时的生活中。我们总是倾向于在情感上欺骗自己，比如我们说服自己总是按照四五岁时形成的原型来做事。

出生顺序和早期回忆

奇怪的是，即使出生在同一个家庭中的两个孩子，他们的成长环境也不相同。即使在同一个家庭中，每个孩子感受到的家庭氛围也各不相同。长子的处境与其他孩子的处境非常不同。一开始，他是家中唯一的孩子，所以是家人关注的焦点。一旦次子出生，他就会发现自己失宠了，他不喜欢这种变化。事实上，从曾经的备受宠爱到现在的失宠，对于他来说是一种不幸。这样的不幸影响着他的原型，还会进一步影响他成年的性格。以往的病例表明，这样的孩子往往会遭受挫败。

> 在同一个家庭中，每个孩子感受到的家庭氛围也各不相同。

同一家庭内不同孩子的成长环境的差别还表现为男孩和女孩的待遇是不同的。通常情况是，男孩子备受重视，而女孩子被认为几乎做不成什么事情。这些女孩子长大后会变得畏首畏尾、疑心重重。在整个生命历程中，她们都犹豫不决，总是认为只有男性才能有所成就。

次子在家庭中的处境也尤其具有特殊性。他的处境与长子的处境完全不同，因为对于他来说，长子是他身边的一个标杆。通常来说，次子能够超过长子。探究其中的原因，我们会发现其实很简单。一方面，长子为这种竞争而感到苦恼，而这样的苦恼最终影响了他在家里的地位。年长的孩子害怕这种竞争，并且也无法取胜。父母对他的评价越来越低，他们开始欣赏次子。另一方面，次子始终处于与长子竞争的状态中。他所有的性格都会反映出在家庭中的这种特殊地位造成的影响。他具有反抗心，不服从权威。

历史和传奇故事中叙述了无数最年幼的孩子的故事，他们具有很强的能力。约瑟夫是非常恰当的一个例子：他想要超过其他所有人。在约瑟夫离家多年后，他的一个小弟弟出生了，但这显然没有改变他在家里的地位，他依然声称自己是家里最年幼的孩子。我们发现在神话故事中也有类似的情节，最年幼的孩子扮演了重要的角色。我们看到这些性格是如何在童年时期形成的，并且直到个体成年之后见识有所增加，他的性格才会有所改变。想要纠正一个孩子，你必须让他明白自己的童年期发生了什么，必须让他明白他的原型以错误的方式影响着其生活的方方面面。

理解原型及个体性格的一种非常有价值的方法是研究早期回忆。所有的知识和观察都促使我们得出结论：早期回忆属于原型。以有生理缺陷的孩子为例，如果他的胃功能有问题，那么他记住的所见所闻很可能与食物相关。或者以一个左撇子孩子为例，他的用手习惯会影响他的立场观点。他可能会谈到骄纵他的母亲，或者弟弟妹妹的出生。如果他的父亲脾气暴躁，他会谈到自己如何被打。或者，如果他在学校里不被别人喜欢，他会说到自己如何被攻击。如果我们能够理解这些信息的重要性，它们就非常有价值。

> 理解原型及个体性格的一种非常有价值的方法是研究早期回忆。所有的知识和观察都促使我们得出结论：早期回忆属于原型。

理解早期回忆是一门艺术，这门艺术需要非常强的共情能力，能够感同身受地理解孩子在童年时期的处境。凭借这样的能力，我们才能够理解弟弟或妹妹的出生对年长孩子来说意味着什么，才能体会脾气暴躁的父亲的虐待在孩子心里留下的烙印。

本章总结

本章总结了最近 25 年[⊖]发展起来的个体心理学的方法。个体心理学在一个新的方向上已经有了很长一段历史。现在有很多学派的心理学和精神病学。不同的心理学家会选择不

⊖ 本书成书于 1926 年。

同的发展方向，谁都不认为他人是正确的。也许读者也不应该笃信某个学派。让他自己去比较，他会发现我们无法认同所谓的"驱力"心理学（McDougall 是这一学派的最佳代表），因为他们所说的"驱力"过于强调遗传的因素。同样，我们也不认同行为主义的"条件"与"反射"。除非我们了解个体的生活目标，否则从"条件"和"反射"中构建个体的性格和命运是没有意义的。这两派心理学都没有从个体的生活目标这个角度进行思考。

第 2 章

克服缺陷

总想远离那些比自己强的孩子，而与比自己弱的孩子玩，这种不正常的自卑感被称为"自卑情结"。

在个体心理学中，以"意识"和"无意识"这两个术语表示个体具有的独特因素是不正确的。人们总是认为意识和无意识是相互矛盾的。但事实上，它们的发展方向是一致的，而且两者之间没有明显的界限。我们要做的是弄明白它们紧密联系在一起的目的。除非我们了解了两者整体的关系，否则很难判断什么属于意识、什么属于无意识。这里所说的联系体现在我们上一章所分析的原型中。

个体的整体性

一个病例将有助于说明意识和无意识之间的密切关系。一位40岁的已婚男子患上了一种恐惧症，他总想从窗户跳出去。他要不停地抵制这种想法，除此之外，他一切正常。他有朋友，有不错的工作，与妻子生活得很幸福。这一案例只能用意识和无意识的配合关系来解释。从意识层面来说，他觉得自己必须从窗户跳出去，实际上，他活得好好的，从来没有真正尝试过从窗户跳出去。这是因为他的生活还有另一面，这一面是无意识的。它具有非常重要的作用：与自杀的欲望做斗争。因此，在意识和无意识的配合之下，这位男子成功避免了恐惧症可能带来的后果。事实上，在他的生活风格（这个术语我们在后面的章节会详细阐述）中，他是一个获得了优越感的征服者。读者可能会问：一个在意识里想要自杀的人怎么会有优越感呢？这个问题的答案是：他身上的某种东西会与他的自杀倾向做斗争，因为在这场斗争中他取得了胜利，所以他成为征服者，获得了优越感。客观地说，为获得优越感而进行的斗争是由个体的劣势引起的，这常常发生在那些对自身某一方面感到自卑的人身上。重要的是，在这种个人内心的斗争中，对优越感和生存的渴望战胜了自卑感和自杀的欲望，尽管后者存在于意识中而前者存在于无意识中。

> 客观地说，为获得优越感而进行的斗争是由个体的劣势引起的，这常常发生在那些对自身某一方面感到自卑的人身上。

我们来看看这位男子的原型发展是否支持我们的理论。通过分析他的早期回忆，我们了解到，他在学校里遇到过麻烦。他不喜欢其他男孩子，想要躲开他们。然而，他积聚了所有的力量直面这些男孩子。我们已经可以感受到他为克服自身的劣势而做出了努力，他直面问题，并且取得了胜利。

分析这位病人的性格，我们会发现他的一个人生目标是克服恐惧和焦虑。为了实现这个目标，他的意识和无意识相互配合形成了一个整体。如果不把人看作一个整体，我们就不会认为这位病人获得了优越感和成功。我们可能只是把他看作一个野心勃勃的人，一个想要抗争但内心深处是懦夫的人。然而，这种看法是错误的，因为我们没有全面考虑有关这位病人的所有事实，也没有从人是一个整体这方面解读这些事实。

如果我们没有认识到人是一个整体，那么所有的心理学、所有其他的认识，以及为了理解个体而做的所有努力都是无用的。如果我们不把意识和无意识看作相互关联的两部分，就无法看到生活完整的样子。

社会环境

除了要把个体生活看作一个整体，我们还须考虑个体的社会关系所处的环境。孩子刚出生时非常柔弱，因此需要成人的照顾。所以，要理解一个人的生活风格，就需要考虑照顾孩子、弥补孩子劣势的人。如果对孩子的分析局限于他自身的存在，那么我们会很难理解孩子与母亲和家庭的关系。

孩子的个体性不仅仅指他的身体是个体的，也指他的社会性
是独特的。

对于成人来说也是如此。孩子的弱势决定了他必须生活
在一个家庭中，而成人的弱势决定了他们要生活在一个社会
群体中。每个人都会感觉自己在某些情境中不够强大。他们
会觉得生活中的困难让他们不堪重负，他们没有能力独自应
对这些困难。因此，成人身上最强烈的倾向之一是组成团体，
成为社会的一员而不再是孤独一人。这种社会生活方式对个
体来说无疑是非常有好处的，它消除了个体的能力不足之感
和自卑感。

> 每个人都会感觉自己在某些情境中不够
> 强大。成人身上最强烈的倾向之一是组成团
> 体，这种社会生活方式对个体来说无疑是非常
> 有好处的，它消除了个体的能力不足之感和自
> 卑感。

动物也是如此。柔弱的动物通常过着群居的生活，群体
的力量有助于满足个体的需求。单独一头野牛不太可能战胜
狼，但是成群的野牛就能免受狼的杀害，因为如果一群野牛
作战的话，它们会把头靠在一起，用蹄子抵抗直到脱险。大

猩猩、狮子和老虎之所以可以单独生存，是因为大自然赋予了它们保护自我的能力。人类不具备它们那样的强大能力，没有它们那样的爪子和牙齿，因此人类不能脱离群体独立生存。由此可见，人类社会生活的开端源于个体的软弱无力。

基于这个事实，我们就不能期望社会中的每个人具有同等的能力和天赋；但是，一个结构良好的社会会为社会成员的能力发展提供支持。理解这点非常重要，否则我们就会认为对个体的评价要完全基于个体天生的能力。事实上，单独生活的个体在某些方面的能力可能是有缺陷的，但在一个组织良好的社会中，这些缺陷都能得到弥补。

我们认为个人的能力不足是与生俱来的，因此心理学要训练人们与他人和睦相处，以此降低天生的能力不足对个体造成的不利影响。社会发展的历史讲述了成人如何相互合作以克服自身能力的不足。我们都知道，语言是社会发展的产物，但是很少有人知道个体能力不足是语言被发明出来的根本原因。婴儿的行为就说明了这一点。当婴儿的需求没有得到满足时，他们就会发出婴儿语言来引起父母的注意。如果婴儿不需要去引起父母的注意，他就根本不会尝试说话。孩子在出生后的头几个月就是这样的，父母在孩子开口之前就满足了他的所有需求。有些孩子直到 6 岁才开始说话，正是因为在此之前他没有开口说话的必要。父母为聋哑人的孩子也是如此。当他摔倒并且伤到自己时，他会哭，但是他哭的时候不发出声音。因为他知道父母听不到，他发出任何声音都是没有用的，于是他就表现出哭的样子来引起父母的注意。

因此，在研究个体的一些情况时，我们必须考察这些情况发生的社会背景。通过对社会环境进行研究，我们才能理解个体选择的优越目标。同样，要理解一个人为什么不适应社会，我们也必须研究他所处的社会环境。很多人不适应社会是因为他们发现自己不能通过语言与其他人进行正常交流。口吃的人就是这样的。通过对口吃的人的观察，我们发现他其实在生活早期就没能很好地适应社会。他不想参加活动，不想交朋友。语言是在与他人交流的过程中得到发展的，但是他不想和其他人交流。因此，他的口吃一直没有改善。口吃的人有两个走向：一种是与他人交流，另一种是将自己孤立起来。

我们发现，对于那些不是在社会生活中长大的人来说，他们在今后的生活中会害怕在公共场合讲话，而且具有怯场的倾向。这是因为他们把观众看作了敌人，在面对那些心怀敌意、占有优势的观众时，他们就会产生自卑感。一个人只有在信任自己、信任观众时才能演讲得好，才不会怯场。

> 自卑感起源于社会适应不良，而社会训练是克服自卑感的基本方法。

自卑感与社会训练紧密相关。自卑感起源于社会适应不良，而社会训练是克服自卑感的基本方法。

社会训练与常识直接相关。当我们说人们利用常识解决了问题时，这里的常识指的是社会群体的智慧。而那些按照自己的语言和理解行事的人会有异常行为表现。精神失常者、神经症患者以及罪犯就是这种类型的人。他们对人、机构和社会准则都不感兴趣，然而只有通过这些才能让他们恢复正常。

在帮助这些人时，我们的任务就是激发他们的社会兴趣。对于神经质的人来说，只要他们认为自己的意图是好的，就觉得自己理直气壮。我们需要帮助他们意识到，仅仅有良好的意图是不够的，他们实际完成了什么以及实际付出了什么也很重要。

对不完美的态度

尽管个体的自卑感和对优越感的追求是普遍存在的，但这并不意味着所有人都是平等的。自卑和优越是掌控人们行为的一般条件。除此之外，个体的体力、健康和环境都不同。因此，在相同的条件下，不同的个体所犯的错误是不同的。我们观察孩子时会发现，对于他们来说，没有一种绝对固定和正确的行为方式。每个孩子以自己特有的方式做出反应。虽然大家都追求一种更好的生活风格，但采取的方式各不相同，所犯的错误也不同，并以不同的方式趋向成功。

> 左撇子孩子还在摇篮中时就能被识别出来，因为他们左手的活动比右手多。长大以后，一方面，他们会因为右手使用得不好而感到有压力；另一方面，他们通常会更喜欢使用右手和右臂，比如用右手绘画和写作等。

我们来分析一下个体的差异性和独特性。以左撇子儿童为例，他们可能从来不知道自己是左撇子，因此他们从小就被严格训练使用右手。起初，他们使用起右手来非常笨拙，为此常遭到指责、批评和嘲弄。我们不应该嘲弄他们，而应该训练他们使用双手。左撇子孩子还在摇篮中时就能被识别出来，因为他们左手的活动比右手多。长大以后，一方面，他们会因为右手使用得不好而感到有压力；另一方面，他们通常会更喜欢使用右手和右臂，比如用右手绘画和写作等。事实上，这些孩子后来会比正常的孩子得到更好的训练，这一点儿也不奇怪，因为他们不得不更早开始有意识地训练自己的右手，他们的缺陷让他们得到了更精心的训练。这非常有利于发展孩子的艺术天赋和能力。处于这种情况下的孩子通常雄心勃勃，为克服自己的缺陷而努力奋斗。然而，有的时候这种努力很艰难，他们会羡慕其他人，会产生更强、更难克服的自卑感。如果孩子一直处于斗争状态，他们就会变得争强好胜，长大以后同样如此。他们总是觉得自己不应该是笨拙的、有缺陷的。这样的孩子比其他孩子的压力更大。

个体的原型在四五岁的时候就形成了，基于原型，孩子们以不同的方式尝试、犯错和成长。每个孩子的目标是不同的。有的孩子想要成为画家，有的孩子则希望能够逃离他无法融入的世界。我们或许知道他们如何能够克服自身的缺陷，但是孩子们自己并不知道，而且往往也没有人以正确的方式向他们解释这些事实。

很多孩子的眼睛、耳朵、肺或者胃有缺陷，而且我们发现，他们恰恰对这些不完美的方面感兴趣。有一个奇怪的例子是：一名患有哮喘病的男子总是在晚上下班回到家后发病。他当时 45 岁，已婚，有着一份不错的工作。别人问他为什么哮喘病总是在他离开办公室回到家后发作。他解释说："我的妻子是一个非常物质的人，而我是一个理想主义者，因此我们常常不合。我回到家后就想安安静静地享受在家的时间。

可是我的妻子总想出去串门，她总抱怨我老待在家里。然后我就会发脾气，从而导致哮喘病发作。"

> 很多孩子的眼睛、耳朵、肺或者胃有缺陷，而且我们发现，他们恰恰对这些不完美的方面感兴趣。

但为什么这位男子会感到呼吸困难而不是想呕吐呢？原因就是他要忠于自己的原型。也许小的时候他被捆绑过，捆绑得太紧以至于影响了呼吸，让他觉得很不舒服。那时有个女佣非常疼爱他，总在他身边安慰他。这个女佣的所有精力都花在了男孩身上。这让他觉得他人会一直取悦和安慰他。在他4岁的时候，那个女佣离开雇主去结婚了，他一直送她到火车站，哭得非常厉害。女佣离开后，他对母亲说："她走了，以后再也不会有人对我感兴趣了。"

我们会发现，这位男子在成年之后也像在原型阶段时一样，总是试图寻求一个理想的人，这个人总是能够取悦他、安慰他，并且只对他一个人感兴趣。因此，他的哮喘病发作不是因为缺少氧气，而是因为他没有一直得到他人的取悦和安慰。当然，想要找到一个能够一直取悦他的人不容易。他总是想要控制整个局面，他的成功在一定程度上会对他有些帮助。因此，当他的哮喘病发作时，他的妻子就不会要求他一起去电影院或外出社交，这样他就实现了自己的"优越"目标。

这位男子看上去总是正确的、得体的。但是内心里，他总是想要征服他人。他想要改变自己的妻子，使她成为和自己一样的理想主义者。对于怀有这样动机的人，他们是否表里如一值得怀疑。

> 他的哮喘病发作不是因为缺少氧气，而是因为他没有一直得到他人的取悦和安慰。哮喘病发作时，他的妻子就不会要求去电影院或外出社交，这样他就实现了自己的"优越"目标。

我们经常可以看到视力有缺陷的孩子对视觉事物很感兴趣，为此他们在视觉方面发展出了很强的能力。古斯塔夫·弗赖塔格是一位伟大的诗人，他的眼睛弱视，有散光，但是他取得了很多成就。很多诗人和画家的视力有问题，但正是这种缺陷激发了他们对视觉方面的兴趣。弗赖塔格谈到自己时说："因为我的眼睛和其他人不一样，所以我不得不使用和训练自己的想象力。我没有预料到这会帮助我成为一位伟大的作家，但不管怎样，视力缺陷确实让我在想象中看到的事物比别人在现实中所看到的更清楚。"

很多天才具有视力问题或其他缺陷。有些天才虽然近乎失明，但能够比其他人更好地理解线条之间、阴影之间和色彩之间的差别。这就告诉我们，理解了有缺陷的孩子的问题之后，我们可以为他们做些什么。

有些人对食物格外感兴趣，他们总是在谈论自己可以吃什么、不可以吃什么。一般来说，这些人在小的时候有过饮食障碍，因此对食物产生了很大的兴趣。母亲时刻告诫他们什么东西可以吃、什么东西不可以吃。因为肠胃问题，他们不得不接受一些训练，他们开始对自己的一日三餐产生了极大的兴趣。因为总是在思考吃的东西，他们有可能成为烹饪大师或者美食专家。

然而有的时候，肠胃方面的缺陷会促使个体寻找食物的替代物。对于有的人来说，这个替代物是钱，这些人会变得非常吝啬或者成为很能赚钱的银行家。他们非常努力地挣钱，不分昼夜。他们一刻不停地想着自己的生意，这使他们成为行业中的佼佼者。有意思的是，我们经常听说有钱人的肠胃通常不太好。

> 肠胃方面的缺陷会促使个体寻找食物的替
> 代物。对于有的人来说，这个替代物是钱，这
> 些人会变得非常吝啬或者成为很能赚钱的银
> 行家。

现在，我们来谈论一下身体和心理之间的关系。同样的
生理缺陷产生的结果可能是不一样的。个体的生理缺陷和糟
糕的生活风格之间没有必然的因果关系。生理缺陷可以通过
补充合理的营养等有效的治疗方法得以消除。但是，并不是
生理缺陷本身，而是病人对自身生理缺陷的态度导致了不良
后果。这就是为什么在个体心理学家看来，完全由生理缺陷
导致的问题是不存在的，所以他们总会在个体原型发展时期
努力培养患者与自卑感做斗争。

强烈自卑感的表现

我们发现有的人很急躁，他迫不及待地想要克服自己遇
到的困难。如果有人坐立不安、脾气暴躁，我们基本可以断
定他有很强的自卑感。一个相信自己能够克服困难的人是不
会急躁的。那些急躁的人往往不能完成应该完成的事情。傲
慢、无礼、争强好胜的孩子也有强烈的自卑感。对于这些案
例，我们要做的是寻找他们自卑的原因，发现他们的困难之

处，进而对症下药。我们绝不应该对那些原型的生活风格中存在的错误进行批评或惩罚。

> 有一类人对自己的行为和表达很不自信，他们不愿意到会面临新情况的地方去，而是喜欢待在熟悉的小圈子里。

我们发现，孩子的原型特质表现在不同方面，如他们不寻常的兴趣，超越他人的计划和努力，或者为追求卓越而发展自己。有一类人对自己的行为和表达很不自信，总是拒他人于千里之外。他们不愿意到会面临新情况的地方去，而是喜欢待在熟悉的小圈子里。不管是在学校、生活、社会还是婚姻中，他们都是这样的。他们总是期望在自己狭小的圈子里就能取得卓越的成就，进而实现自己的优越目标。我们发现很多人有这种特征。他们忽略了一点，那就是一个人要想要取得成就，就要准备好应对各种各样的情况，要面对所有事情。如果一个人不去面对各种情况和他人，那他就只能自己评价自己，这是远远不够的。个体需要积累广泛的社会人脉资源和丰富的常识才能取得成功。

一个哲学家要想完成他的著作，就不能总是赴约与他人一起共进午餐或晚餐，因为他需要很长一段时间的独处才能找到正确的方式为自己的写作构思。但是在这之后，他必须接触社会才能继续成长。与社会的接触对个体的成长来说非常重要。因此遇到这种人时，我们要记得他们的这两种需求，也要记得他可能是有用的，也可能是无用的。因此，我们需要仔细分辨有用行为和无用行为的差别。

整个社会不断进步的关键原因在于，人们总是在寻找一个能够彰显自己的环境。因此，自卑感很强的孩子总想远离那些比自己强的孩子，而与比自己弱的孩子玩，这样他就可以控制和主导他人。这是一种不正常的、病态的自卑感表现。要知道，重要的不是自卑感本身，而是自卑的程度和特点。

这种不正常的自卑感被称为"自卑情结"。但是，"情结"这个词没有准确表达出那种渗透于整个个性中的自卑感。这种自卑感不仅仅是一种情结，而几乎可以说是一种疾病，这种疾病在不同情况下造成的危害是不同的。因此，有的人在工作的时候没有表现出自卑感，因为他对自己的工作很有把握；而当他与同伴在一起或与异性发生关系时就会手足无措，这时我们就能够发现他们真实的心理状况。

> 只有在困难或新的情境中，原型才会表现出真实的样子。

我们发现，在紧张或者困难的情境中，个体的错误会更严重。只有在困难或新的情境中，原型才会表现出真实的样子。事实上，困难的情境往往是那些新的情境。这就是为什么我们在第一章里说，从个体在新环境中的表现可以判断出他对社会感兴趣的程度。

在我们把孩子送到学校时，观察他在学校里表现出的社会兴趣，就能知道他在真实社会生活中的社会兴趣。我们要观察他是与同伴和睦相处还是回避他们。如果发现孩子非常活跃、顽皮、聪明，我们就需要深入他们的内心，了解这些表现的原因；如果发现孩子比较被动或畏首畏尾，那么我们必须留心他们在今后的社会、生活和婚姻中是否也有同样的表现。

我们经常听到有人说："如果是我，我会这样做。""我本来要接受那份工作的。""我原本想要打那个人一顿的……但是……"这类"我原本要……但是……"的表述本身就暗示了强烈的自卑感。事实上，如果这样来理解这些表述的话，我们就会对某些情绪（如怀疑）产生新的认识。我们知道，那些总是持怀疑态度的人常常只是怀疑，而很少付出行动；那些"我不会怀疑"的人则很可能付出相应的行动。

通过仔细观察，心理学家往往会发现人有很多矛盾。这些矛盾可能就是自卑的表现。我们还须观察个体的行为动作，

观察他与他人会面是否犹豫不决，是否伴有肢体语言。这种
犹豫在其他生活情境中也会表现出来。有很多人步伐犹豫，
这是强烈自卑感的表现。

> 　　我们还须观察个体的行为动作，观察他与
> 他人会面是否犹豫不决，是否伴有肢体语言。
> 有很多人步伐犹豫，这是强烈自卑感的表现。

　　我们的任务是训练这类人改掉犹豫不决的毛病，正确的
方法是给予他们鼓励，永远不要打击他们。我们要让他们相
信自己能够应对并解决生活中的困难。这是帮助他们建立自
信的唯一方法，也是治疗自卑感的唯一方法。

第 3 章

自卑情结和优越情结

　　具有自卑情结的人假定自己是优越的，进而产生了优越情结；正常的个体没有优越情结，甚至都没有优越感。

我们已经知道了个体生活的每个征兆是如何反映在他的行动进程中的。因此可以说，这些征兆是有过去和未来的。它的未来与我们的奋斗目标紧密相连，它的过去则代表着我们一直试图克服的自卑或不足。这也是为什么谈论自卑情结时，我们关注的是它的起源，而在谈论优越情结时，我们关注的是它的延续性，以及行为本身的发展进程。而且，这两种情结有着天然的联系。因此，我们会在具有自卑情结的个体身上发现被隐藏起来的优越情结，对此我们一点儿也不惊奇。相反，当我们深入探究优越情结并且研究它的延续性时，也总能发现被隐藏起来的自卑情结。

概论

当然，我们要明白的一点是，在"自卑"和"优越"后面加上"情结"这个词仅仅用来表示个体感到自卑和追求优越的夸张状态。这样理解的话，自卑情结和优越情结就不是相互矛盾的了，这两种倾向可以存在于同一个个体身上。追求卓越和自卑感都是正常情感，它们是天然互补的。如果没有对现状的不满，我们就不会试图追求优越，获得成功。既然所谓的情结是从自然情感中发展出来的，那么情结中的矛盾就不会比自然情感中的矛盾更多。

> 追求优越是个永无止境的过程。事实上，正是这种追求构成了个体的思想和精神。

追求优越是个永无止境的过程。事实上，正是这种追求构成了个体的思想和精神。我们说过，生活就是实现某个目标或达到某种状态的过程，而对优越的追求促使个体为实现目标而行动起来。这就像一条小溪，它会流经所有可能到达的地方。观察那些懒惰的孩子，我们会发现他们不爱活动，对任何事情都不感兴趣，我们会说他们停滞不前。然而，我们发现他们有一种想要更加优越的渴望。因为有这种渴望，他们会说："如果我不那么懒，我可能会成为总统。"可以说，在某种条件下，他们也会行动起来，付出努力。他们对自己的评价很高，觉得自己能够在对生活有益的方面取得很多成就。当然，这只是幻想。但我们都知道，人类总会满足于幻想，对于缺乏勇气的人来说更是如此。他们总是沉醉于幻想之中。他们觉得自己不够强大，所以总是绕路而行以逃过困难。通过逃离，他们避免了与困难的斗争，并因此感觉自己变得更加强大、更加聪明了。

我们发现有些孩子出于优越感而开始偷窃。他们认为可以骗过他人，别人不会发现他们偷窃。这样，他们只需付出一点点就可以变得更加富裕。这种感觉在罪犯身上非常明显，他们总觉得自己是超级英雄。

我们已经从个人智慧这个角度谈了这种特征。它不是公共意识或社会意识。一个杀人犯或许会认为自己是英雄，但这只是他个人的想法。他缺乏勇气，因此以犯罪来逃避解决生活中的问题。所以说，犯罪是优越情结导致的结果，而不是人性本恶的表现。

神经症患者身上也有类似的症状。例如，他们患有失眠，第二天没有足够的精力去完成自己的工作。因为失眠，他们觉得公司不应该要求他们完成原本可以完成的工作。他们抱怨道："如果我睡眠正常，我什么工作都可以做！"

我们在抑郁的焦虑症患者身上也发现这样的情况。焦虑症让他们变得专横无理。事实上，他们在利用自己的焦虑症控制他人，因为他们需要随时随地有人陪在身边。他们的陪伴者没有了自己的生活，完全为满足患者的种种要求而生活着。

抑郁症患者或精神失常的人总是家庭关注的焦点。在他们身上，我们看到了自卑情结的威力。他们抱怨自己身体虚弱，体重越来越轻等。然而他们实际上是所有人中最强大的人，他们支配着身体健康的人。对此，我们不应感到吃惊，因为在某些文化中，虚弱也是一种强大的力量。如果我们问自己，在这些文化中，谁是最强大的人。合理的答案应该是"婴儿"，婴儿统治着他人而不是被他人统治。

接下来我们将研究自卑情结和优越情结之间的关系。我们以一个具有优越情结的问题儿童为例。这个孩子傲慢无礼、争强好胜。我们会发现他总是试图让自己看起来更加强大。我们都知道，爱发脾气的孩子总是想通过突然攻击来控制别人。为什么他们会如此无礼？这是因为他们不确定自己是否有能力实现自己的目标，他们感觉到自卑。我们总能在好斗、极端的孩子身上发现自卑情结和想要克服它的渴望。这就好像他们会尽力踮起自己的脚，以为通过这种简单的方式，他们就会让自己看起来更加强大，并且能够获得成功、骄傲和优越感。

> 爱发脾气的孩子总是想通过突然攻击来控制别人。为什么他们会如此无礼？因为他们不确定自己是否有能力实现自己的目标，他们感觉到自卑。

　　我们必须找到针对这些孩子的治疗方法。他们之所以表现出那样的行为，是因为他们不理解生活的一致性，也不懂事物之间的自然秩序。我们不应该责难他们不去了解这方面，因为如果我们质疑他们，他们就会坚持说自己并不自卑，而是优越的。所以，我们必须以一种非常友善的方式向他们解释，并且要逐步帮助他们理解我们的观点。

　　如果一个人爱炫耀自己，那只是因为他觉得自卑。他觉得自己在对生活有益的方面比不过其他人，所以总是做一些对生活无用的事情。他不能很好地融入社会，也无法适应社会。他不知道如何解决生活中遇到的社会问题。在童年期，他总是对抗自己的父母和老师。对于这类案例，我们必须理解孩子的处境，同时也要帮助孩子理解自己的情境。

　　在神经症患者身上也有相同的自卑情结和优越情结的组合。这类患者经常会表达自己的优越情结，而自己没有意识到。

　　在一个家庭中，如果有一个孩子受到宠爱，其他的孩子就会产生自卑情结，并会努力追求优越情结。只要他们不只是关心自己的利益，也关心他人的利益，就能圆满地解决生活中的问题。但是，如果自卑情结过于强烈，他们就会觉得自己生活在一个充满敌意的环境里，他们就变得只关注自己的利益而不考虑他人的利益，缺乏必要的公共意识。在面对社会问题时，他们所怀有的情感不利于问题的解决。为了获得解脱，他们走向了对生活无益的那面。我们知道这不是真正的解脱，他们没有去解决问题，而是一味地寻求他人的帮助。他们就像乞丐一样，靠他人的帮助为生，神经质般地滥用自己的软弱换取个人的舒适。

不管是孩子还是成人，在感觉软弱的时候，他就不再对社会感兴趣了，而是去追求个人优越，这似乎是人类本性的一个特征。人们觉得无须掺杂任何社会兴趣就可以获得个体的优越感，以为通过这种方式就可以解决生活问题。只要个体在追求优越感的同时能够将它与社会兴趣结合起来，那么他会一直处于生活的有益面，并能实现自己的目标。但是，如果他缺乏社会兴趣，就没有真正准备好解决生活问题。第二种情况的孩子就是我们前面提到的问题儿童、精神失常的人、罪犯、自杀者等。

> 不管是孩子还是成人，在感觉软弱的时候，他就不再对社会感兴趣了，而是去追求个人优越，这似乎是人类本性的一个特征。

在结束关于自卑情结和优越情结的概论之前，我们要简单说说这两种情结与正常人的关系。正如我们所说，每个人都有自卑情结，但自卑感不是一种疾病，它反而会激发良性的努力和发展。只有当自卑感让个体无法承受，不再能激发任何有用行动时，它才变成了一种病理现象。这时，自卑感会导致个体抑郁、无法进步。优越情结是具有自卑情结的人用来逃避困难的方法之一。他假定自己是优越的，尽管实际上他不是。这种虚假的成功会弥补他无法承受的自卑感。正常的个体没有优越情结，甚至都没有优越感。他努力让自己更加优越，但这是因为人人都渴望成功。只要他是在实际的工作中追求优越，就不会产生错误的评价，而错误的评价是心理疾病产生的原因。

案例

有一个强迫症的案例能够很好地说明自卑情结和优越情结的结合。患者是个年轻的女孩，她与一位非常有魅力且备受重视的姐姐关系非常密切。这是非常重要的一个情况，因为在一个家庭中，如果有一个成员格外优秀，那么其他人就会感到痛苦。不论备受瞩目的那个人是父亲、母亲还是某个孩子，情况都是如此。家庭中其他人的处境会非常艰难，有的时候他们甚至会觉得无法忍受。

> 在一个家庭中，如果有一个成员格外优秀，那么其他人就会感到痛苦。

　　这个女孩在一个不利的环境中长大，她觉得自己处处受限。如果当时的她对社会感兴趣，而且懂得我们所知道的道理，那么就会走向另外一条发展道路。她开始学习音乐，想要成为一名音乐家，但她总是想起优秀的姐姐，产生了自卑情结，使得她总是过度紧张，导致停滞不前。在她20岁的时候，姐姐结婚了。于是，她也开始寻找婚姻的机会以与她的姐姐竞争。就这样她越陷越深，越来越偏离健康的、有益的生活。她开始觉得自己是一个非常邪恶的女孩，拥有可以将人打入地狱的魔力。

　　我们将这种魔力看作优越情结，但她却对此抱怨，就像我们有时候会听到富人抱怨自己成为富人是多么不幸。她不仅觉得自己拥有一种能够将人送入地狱的魔力，而且有时还会觉得自己可以而且应该拯救这些人。当然，这两种想法都非常荒谬，但通过这种幻想，她相信自己拥有了一种超越姐姐的力量。只有在这种游戏中，她才能战胜姐姐。因此，她又开始抱怨这种力量，因为她抱怨得越多，拥有这种力量似乎就越可信。如果她嘲笑这种力量，那么她的力量就会令人怀疑。只有通过抱怨，她才会对自己满意。我们由此可以看出，优越情结有时候可能是隐蔽着的，不为人们所见，但事实上它是存在的，是自卑情结的补偿。

> 好斗的小孩并不是真的勇敢，他只与弱者
> 争斗。如果他周围的人都是强者，他就不会变
> 得好斗，而会变得乖戾、忧郁。

现在我们来谈谈那位姐姐。她一度是家里唯一的小孩，被宠爱着，是家庭关注的焦点。三年之后，妹妹的出生彻底改变了她在家庭中的中心地位。她开始变得争强好胜，但她只与比自己弱小的孩子发生争斗。好斗的小孩并不是真的勇敢，他只与弱者争斗。如果他周围的人都是强者，他就不会变得好斗，而会变得乖戾、忧郁，因此也就不那么受家人喜欢了。

在这种情况下，姐姐觉得家人不像以前那么爱她了，家人对她的态度转变让她确信了这一点。她认为母亲应负最大的责任，因为是她将妹妹带到这个家庭中来的。由此，我们便可以理解为什么她会将攻击指向母亲。

妹妹则像所有婴儿一样被照看着、被关爱着，处在一个不错的地位上。她无须努力，无须与他人争斗。她成长为一个非常可爱、温柔、备受喜爱的姑娘，成为家庭中的中心人物。有的时候，温顺作为一种美德，能够征服他人！

我们来分析一下这种甜美、温柔和善良是否属于对生活有用的方面。我们可能认为，妹妹之所以如此温顺，是因为

她备受宠爱。但是，我们的文化并不偏好被溺爱的孩子。有时父亲会意识到这一点，并试图结束对孩子的溺爱；有时则是学校改变了孩子被溺爱的这种情况。这样的话，曾经备受宠爱的孩子的地位变得岌岌可危，他开始变得自卑。当被溺爱的孩子处于有利的地位时，我们是注意不到他们有自卑感的，但是不利的情境一旦出现，这些孩子就会崩溃、忧郁，或者产生优越情结。

优越情结和自卑情结有一点是相同的，即它们都表现在生活的无用面。一个具有优越情结的、傲慢无礼的孩子绝不会处在生活的有益面。

> 优越情结和自卑情结有一点是相同的，即它们都表现在生活的无用面。一个具有优越情结的、傲慢无礼的孩子绝不会处在生活的有益面。

被溺爱的孩子走向学校后，就不再处于有利的地位。从那时开始，他们开始变得犹豫不决，并且做事总是有始无终。前面提到的妹妹就是这样的。她曾经学习缝纫、弹钢琴，但没过多久就放弃了。同时，她对社会生活也失去了兴趣，不再愿意出门，变得郁郁寡欢。姐姐各方面都很优秀，她觉得自己与姐姐相比，简直相形见绌。她那犹豫不决的态度让自己变得更加软弱，性格也逐渐恶化。

成年后，她在工作上也总是犹豫不决，从未真正完成事情。在爱情和婚姻上也是如此，尽管她渴望战胜姐姐。30 岁时，她喜欢上了一位患有肺结核的男子。当然，她的父母反对她的选择，她没能与那位男子结婚。一年后，她嫁给了一位比她大 35 岁的男性。这桩婚姻自然也是毫无意义的。我们发现，有自卑情结的人经常会选择比自己大很多的人或者已婚人士作为结婚对象。一旦遇到阻碍，他们就表现出怯懦的一面。因为这个女孩在婚姻上没有获得优越感，所以她就会选择通过其他方式获取优越感。

她坚持认为世界上最重要的事情是责任。她不停地洗手。如果有任何人或物碰了她，她就会去洗手。这让她变得非常孤立。事实上，她的双手很脏。原因很显然，频繁地洗手让她的皮肤变得非常粗糙，也因此沾染了大量的脏东西。

所有这些看起来都像是自卑情结的表现，但她认为自己是世界上唯一干净的人，而且总是批评、指责他人不像她那么勤洗手。她就像是在扮演一部哑剧中的某个角色。她一直都想要超过他人，现在通过幻想的方式，她认为自己达到了目的，成为世界上最干净的人。我们可以看出，她的自卑情结已经转变成了非常明显的优越情结。

在那些妄自尊大的个体身上，我们也看到过同样的现象。这类人处在生活的无益面，活在一个自己虚构的世界里。在生活中，他非常孤立。如果追溯他的过去，我们会发现他曾经很自卑，并且在毫无价值的方面发展出了一种优越情结。

有这样一个病例，患者是一个15岁的男孩，他因为出现幻觉被送入了一家精神病院。那时战争还没有爆发，他有一种幻觉：澳大利亚国王死了。这显然不是事实，但他坚持声称那位国王在死前托梦给他，要求他带领澳大利亚军队与敌人作战。他只是一个小男孩呀！有人拿报纸给他看，上面报道说国王正待在自己的城堡里或正驾车出巡，但他根本不相信。他坚信国王已经死了，而且在梦中还出现在他面前。

> 有些人睡觉时像刺猬一样蜷曲着，用被子盖着自己的头部，这是自卑情结的表现。

那个时候，个体心理学正致力于研究睡觉的姿势在说明个体的优越感或自卑感中的作用。这样的信息当然是有用的。有些人睡觉时像刺猬一样蜷曲着，用被子盖着自己的头部，这是自卑情结的表现。我们会认为这样的人是勇敢的人吗？而有些人睡觉时全身舒展，我们会认为他在生活中是软弱的人吗？不管是在外表还是潜意识里，他在平时和在睡

觉时一样强大。观察发现，趴着睡的人比较固执并且争强
好胜。

|　　　　趴着睡的人比较固执并且争强好胜。　　　　|

为了发现这个男孩醒着时的行为与他睡觉的姿势之间的
关系，我们对他进行了观察。结果发现，他睡觉时双臂交叉
放在胸部，就像拿破仑一样。我们都看过拿破仑双臂交叉的
照片。第二天，我们问这个男孩："这个姿势是否让你想到了
什么人？"他回答说："是的，我的老师。"这个回答让我们
困惑很久，直到我们意识到他的老师也许像拿破仑。事实确
实如此。而且，这个男孩很喜欢他的老师，并且希望自己也
能成为和他一样的老师。但是，因为无力承担他上学的费用，
他的家人将他送到了一个餐馆打工，在那里，顾客经常嘲笑
他比一般的孩子矮。他无法忍受，想要逃避这种耻辱感。但
是，他逃到了生活的无益面。

我们能够理解这个男孩的情况。一开始，他因为自己身
材矮小被餐馆的顾客侮辱而产生了自卑情结。但是，他不停
地追求优越，想要成为一名老师。当这条职业道路行不通时，
他绕到了生活的无益面，并在那里实现了另一种优越目标。
在睡梦中，他是高人一等的。

由此我们可以看出，优越目标可能是在生活的无益面，也可能是在生活的有益面。比如，一个人很善良，这可能意味着两种情况之一：也许他具有社会责任感，想要帮助别人；也许他只是自吹自擂。心理学家遇到的人中很多属于后者。这方面的一个案例是一个在学校表现糟糕的男孩。事实上，他已经糟糕到开始逃课和偷东西，但他总是自吹自擂。他之所以这样做是因为自卑情结。他想要通过某种方法取得成就，这只是一种廉价的虚荣。他因此开始偷钱，用这些钱给心仪的女孩子买花和礼物。有一天，他开车到一个很远的小镇。在那里，他勒索到一辆六匹马拉的马车。他非常隆重地驾着马车在镇子上兜风，直到被捕。他的这些行为都是在试图让自己看起来比别人强大，也比自己真实的样子更强大。

类似的倾向在罪犯身上也很明显，这是一种声称轻而易举就能取得成功的倾向。这一点，我们曾经讨论过。不久前，纽约的一份报纸报道了一个窃贼闯入一些教师家里行窃，而且与她们进行了交谈。这个窃贼告诉那些老师，现在从事一个普通且诚实的职业有多么难，当一名窃贼比上班容易多了。这位窃贼逃避到了生活的无益面。通过这种途径，他形成了一种优越情结。他觉得自己比那些教师强大，尤其是在他全副武装而那些教师手无寸铁的时候。但是，他是否意识到其实他是个懦夫呢？我们知道他是个懦夫，因为他为了逃避自卑情结走向了生活的无益面。但他认为自己是个英雄，而不是懦夫。

> 优越情结处于第二阶段，它是对自卑情结的一种补偿。

有些人通过自杀彻底摆脱生活的问题。他们似乎毫不在意生命，并且为此感到优越。而事实上，他们是懦夫。我们知道，优越情结处于第二阶段，它是对自卑情结的一种补偿。我们必须不断地寻找它们之间的有机关系，看起来虽然矛盾，却符合人性。找到了这种关系，我们也就找到了治疗自卑情结和优越情结的方法。

第 4 章

生活风格

山谷中松树的生长方式和山顶的松树不一样，人类也是如此。

仔细观察长在山谷中的松树，我们会发现它的生长方式和长在山顶的松树不一样。虽然都是松树，但是在山顶上生长的松树的风格不同于在山谷中生长的松树的风格。树的生长风格就是树的个性，是它在相应的环境中表达和塑造自我的方式。当我们在某种环境下审视某种风格时，会发现这种风格和我们预期的不一样，那时我们会意识到每一棵树都有一种生长模式，它不只是被动适应环境。

　　人类也是如此。我们会在特定的条件下看到特定的生活风格。我们的任务是分析生活风格与当前所处环境之间的确切关系，因为个体的意识是随着环境的变化而改变的。个体处在一个有利的情境中时，我们无法清楚地看出他的生活风格。然而，当他处于一个新的环境中遇到困难时，他的生活风格就会清楚明显地表现出来。当个体处在有利情境下时，一个训练有素的心理学家或许可以看出他的生活风格，而当个体处于不利的或者困难的情境中时，即使普通大众也可以看出他的生活风格。

> 人们时时会遇到困难。生活风格是一个统一体，它形成于个体早期生活中遭遇的困难和对目标的追求。

不同于游戏，生活中充满了困难。人们时时会遇到困难。在个体遭遇困难时，我们所要研究的是他在困难情境下的独特行为和特征。前面已经说过，生活风格是一个统一体，它形成于个体早期生活中遭遇的困难和对目标的追求。

但是，相对于个体的过去，我们对他的未来更感兴趣。想要知道一个人的未来，我们必须先了解他的生活风格。如果只是了解了本能、刺激、驱力等，我们无法预测将来会发生什么。有一些心理学家试图通过本能、印象或者创伤得出结论，但进一步研究表明，所有这些都是某种生活风格持续作用的结果。因此，不管是什么刺激，结果都是保护和巩固了生活风格。

"生活风格"这一概念是如何与我们前几章讨论的内容关联起来的呢？我们已经知道，有生理缺陷的人会遇到很多困难，没有安全感，他们产生了一种自卑情结。但是，个体不可能长时间忍受自卑情结，自卑情结促使个体行动起来，于是个体就有了目标。个体心理学曾一度将这种指向目标的持续行为称为"生活计划"，但因为这个说法有时会引起学生的误解，所以如今我们把它改称为"生活风格"。

> 每个人都有自己的生活风格，所以通过
> 简单的对话和提问，我们就有可能预测个体的
> 未来。

因为每个人都有自己的生活风格，所以通过简单的对话和提问，我们就有可能预测个体的未来。这就好像只看一出戏的第五幕，就可以解开所有的谜团。我们能够以这种方式做出预测，是因为我们了解生活的不同阶段，以及生活中会遇到的困难和问题。因此，借助经验和对一些事实的了解，我们就可以预测出独来独往的孩子、过度依赖他人的孩子、恃宠而骄的孩子、遇事犹豫不决的孩子将来会如何发展。如果一个人的目标是获得他人的支持，那么他会发生什么情况呢？他会犹豫不决、停止或逃避解决生活中的问题。我们之所以会如此断定，是因为我们已经无数次看到过类似的情形。我们知道他不想独自面对问题，而希望被宠爱着。他想远离生活中的重大问题，让自己忙于做一些无意义的事情，而不去努力做有意义的事情。他缺乏社会兴趣，可能会成为问题儿童、神经症患者、罪犯或试图彻底逃避的自杀者。现如今，人们对这些事情有了更好的理解。

例如我们意识到，为了了解个体的生活风格，我们或许可以用正常的生活风格作为衡量的基础。我们将社会适应性

好的人作为范本，然后衡量不同的人与这些范本的差异之处。

理解生活风格

现在，我们应该说明的是如何选定正常的生活风格以及如何在这个基础上理解个体的错误或异常之处。但是，在讨论这个之前，我们需要明确一点：这些研究的目标不是将个体分成不同类型。我们不会将个体进行分类，是因为每个人都有自己独特的生活风格，正如不可能有完全相同的两片叶子。大自然是如此丰富多彩，其中存在着无数的刺激、本能和错误，所以不可能有完全相同的两个人。因此，我们所说的"类型"只是帮助我们理解个体之间相似性的方法。提出分类方法，并且研究每一种类型的独特性，我们就能更好地对个体做出判断。可是，我们不能总用同样的分类方法。在不同情况下，我们应采用最有助于提炼个体之间相似性的分类方法。如果分类过于严谨，那么被归到某一类的个体将很难再被归到其他类中。

> 正如不可能有完全相同的两片叶子。大自然是如此丰富多彩，其中存在着无数的刺激、本能和错误，所以不可能有完全相同的两个人。

　　下面这个例子说明了我们的观点。当我们说一种类型的
个体不能很好地适应社会时，指的是那些没有任何社会兴趣、
过着无聊生活的人。这是一种将个体归类的方式，有可能是
最重要的方式。但是在那些不能很好地适应社会、很难与同
伴建立联系且兴趣有限的人中，有些人对视觉类事物很感兴
趣，有些人对听觉事物很感兴趣，他们很不相同。因此，如
果我们没有意识到类型只是一种简单的抽象概括，那么以类
型进行分类就会产生一些困惑。

　　现在我们回到正常人，他们是衡量个体差异性的标准。
正常人指的是生活在社会中的个体，他们的生活方式非常适
应社会，因此无论他们自己是否意识到，他们的工作总能造
福社会。从心理学的角度来说，正常人有足够的力量和勇气
面对生活中的种种问题。这两种品质在精神病患者身上是缺
失的，他们既不能很好地适应社会，也无法通过心理调适应
对日常的工作和生活。例如，有一位 30 岁男子，他总是在
最后一刻逃避问题。他有一个朋友，但他总是怀疑这位朋友。
因此，他们的友谊从来没有得到很好的发展。因为在这种情
况下，对方感到非常紧张，所以友谊是无法建立起来的。我
们很容易理解，虽然这位男子有很多泛泛之交，但没有一个
真正的朋友。他没有很大的社会兴趣，也不能很好地适应社
会，所以无法交到朋友。事实上，他不喜欢走出去，与别人

在一起时总是很安静。他解释说，这是因为他没有任何想法，所以没什么可说的。

不仅如此，这位男子还非常害羞，和别人说话时，他总会一阵阵地脸红。如果他能够克服羞怯，就可以很好地表达自己。在这方面，他非常需要别人不加批判地帮助他。羞怯时，他很难有好的表现，他身边的人不是很喜欢他。他能感受到这一点，因此越来越不喜欢说话。可以说，他的生活风格是这样的：当他与其他人接触时，他会把大家的注意力都吸引到自己身上。

继社会生活和交际艺术之后，我们要谈的是工作问题。这名男子总是害怕自己无法胜任工作，夜以继日地学习。他过度工作，过度劳累。到最后，他选择辞职来解决工作中的问题。

对比这位男子处理社会问题和工作问题的方法，我们会发现他总是过于紧张。这意味着他具有非常强的自卑感。他总是低估自己，认为周边的人和新的情境都对他不友好。他的行为就像自己生活在敌国。

> 我们已经掌握了足够的信息，可以勾画出这位男子的生活风格。一方面他想进步，但另一方面他又因害怕失败而停滞不前。他非常紧张，如临深渊。

至此，我们已经掌握了足够的信息，可以勾画出这位男子的生活风格。我们可以看到，一方面他想进步，但另一方面他又因害怕失败而停滞不前。他非常紧张，如临深渊。只在某些条件下，他才能向前迈进，否则就只想待在家里而不愿与他人交往。

这位男子遇到的第三个问题是恋爱问题，在这个问题上大多数人都没有准备好。面对异性，他总是踌躇不前。他知道自己是想恋爱并结婚的，但因为内心深处的自卑感，他害怕面对未来。他不能实现自己想要的，我们可以将他的所有行为和态度总结为："是的……但是……！"

现在我们来分析这种生活风格的原因。个体心理学的任务就是分析生活风格的原因。这位男子在出生后的四五年内形成了自己的风格，那个时候发生的某个悲剧塑造了现在的他，因此我们必须找出那个悲剧是什么。可以看出，某些事情使他丧失了对于他人的正常兴趣，并且使他认为生活异常艰难，与其面对重重困难，不如干脆停滞不前。就这样，他变得谨慎小心、犹豫不决，并且总是寻找逃避的办法。

我们必须提到一个事实是，他是家里的长子。前面已经讨论过这一地位的意义。长子的最大问题在于，他曾多年是家里关注的焦点，但后来另一个孩子取代了他的光辉地位，那个孩子更受家人宠爱。我们发现大多数情况下，如果一个人羞怯、害怕行动，原因就在于另一个人比他得到了更多的宠爱。因此，对于这个案例来说，就不难理解问题所在了。

> 每个人在回顾过去的时候，都能记起一些重要的事情，而根植于记忆中的往往是重要的事情。

很多情况下，我们只需问病人一个问题：你是家里第几个孩子？知道了这一点，我们就知道了大部分答案。我们也可以用另一种完全不同的方法，即询问患者的早期回忆，我们会在下一章详细讨论这一概念。这种方法之所以有价值，是因为早期回忆或最早的图像是个体早期生活风格（我们称为原型）的重要组成部分。听到了一个人的早期回忆之后，我们也就知道了他的原型的一部分。每个人在回顾过去的时候，都能记起一些重要的事情，而根植于记忆中的往往是重要的事情。

有些心理学派提出了相反的假设。他们认为个体遗忘的部分才是最重要的，但是实际上这两种观点之间并没有太大的区别。一个人也许可以告诉我们他意识中的记忆，但他并不知道这些记忆的意义，也不知道这些记忆和他的行为有什么关系。因此，不管我们强调的是存在于意识中的记忆的潜在意义或隐藏意义，还是强调那些被遗忘的记忆的重要性，其结果是一样的。

少量的早期回忆就能说明问题。如果有人告诉你，小时候母亲曾带他和弟弟逛市场。这一描述足以让我们了解到他的生活风格。他描述了他和弟弟，因此对他来说，有个弟弟对他很重要。如果让他继续讲，你会听到类似这样的故事：开始下雨了，母亲把他抱了起来，但当母亲看到弟弟时，就把他放下而抱起了弟弟。我们由此便可勾勒出他的生活风格，即他总是觉得别人比自己更受喜爱。我们由此便可以理解为什么他与别人在一起时不怎么说话，因为他总是在环顾四周，观察是否有人比自己更受欢迎。在交友方面也是如此，他总是疑心他的朋友更喜欢别人，因此他永远无法交到真正的朋友。他总是疑心重重，为一些小事情破坏友谊。

> 少量的早期回忆就能说明问题。他描述了他和弟弟的状况，开始下雨了，母亲把他抱了起来，但看到弟弟时，就把他放下而抱起了弟弟。我们由此便可勾勒出他的生活风格，即他总是觉得别人比自己更受喜爱。他总是在环顾四周，观察是否有人比自己更受欢迎。

　　由此可以看出，这样的悲剧影响了他的社会兴趣的发展。他回忆说，母亲把弟弟抱在了怀里，他觉得弟弟得到了母亲更多的关注，更受母亲的喜爱。而且他不断地验证这一想法。他坚信自己的感觉是对的，同时开始感受到巨大的压力，也就是在别人比自己更受喜爱时，自己很难取得一些成就。

　　对于这样一个疑心重重的人来说，唯一的解决办法是让他彻底孤立，这样他就不再需要与他人竞争，就好像这个地球上只有他一个人。有的时候，这样的孩子会有如此幻想：整个世界都毁灭了，他是唯一留下的人，因此没有人会比他更受喜爱。可以看出，他利用各种可能的方式来挽救自己。但是，他没有借助逻辑、常识和真理，而是通过怀疑。他把自己局限在一个狭小的世界里，心里总想着逃离。他与旁人没有任何联系，对他们没有任何兴趣。但我们不能责备他，因为毕竟他不是正常人。

　　　　他把自己局限在一个狭小的世界里，心里总想着逃离。他与旁人没有任何联系，对他们没有任何兴趣。但我们不能责备他，因为毕竟他不是正常人。

矫正生活风格

对于这样的个体，我们要做的是激发他们产生社会适应良好的人该有的社会兴趣。具体怎么做呢？在这方面训练他们的一个很大的困难是：他们过于紧张，总在验证自己已有的想法。要想改变他们的想法，我们必须以某种方式深入到他们的个性当中，去除这种成见。要想实现这一点，采用一定的技术和小技巧非常必要。最好的情况是咨询师与患者的关系不是特别近，或者咨询师对患者本身不感兴趣。如果咨询师对病例本身感兴趣，那么他就会出于自己的兴趣，而不是为了患者的利益而采取行动。病人会感受到这点，并会变得多疑。

|　　　　　　**适度的自卑感是促进成长的基石。**　　　　　|

我们要做的最重要的事情是减轻患者的自卑感。我们不太可能完全消除他的自卑感，事实上我们也想这样做，因为适度的自卑感是促进成长的基石。我们要做的事情是改变患者的目标。我们已经知道，患者的目标是以某种方式逃离，而这仅仅是因为他觉得另一个人更受喜爱。这种观念情结是我们的切入点。我们必须让他明白，他其实低估了自己，从而降低他的自卑感。我们可以指出他行为中的问题，让他知道他自己过度紧张，如临深渊，或如临大敌，就好像时时刻

刻处在危险中一样。我们还应该让他知道，他总是担心别人更受喜爱，这不仅阻碍了他在工作中发挥最好的水平，也影响了他建立良好的个人形象。

这样一个人如果可以担任一个聚会的主人，友好招待朋友们，考虑他们的兴趣和需求，能够让他们玩得开心，他会发生很大的改变。但在日常社交生活中，他过得不快乐，没有什么想法，他会说："这些愚蠢的人，他们根本不能让我开心，不能引起我的兴趣。"

这些人的问题在于，他们的个体认知存在偏差，并且缺乏常识，所以他们很难理解各类生活情境。就像我们已经说过的那样，他们总是如临大敌，就像一匹离群的狼。对于人来说，这样不正常的生活方式真是一种悲剧。

现在我们来看一位抑郁症患者的例子。抑郁症是一种常见的疾病，但是可以被治愈。这类患者一般在小的时候就能被发现。事实上，我们发现许多孩子在面临新的情境时都会出现一些抑郁症状。我们现在所说的这位患有抑郁症的男子大概有过 10 次发病史，每次发病都发生在他调换岗位的时候。只要仍处在原来的岗位上，他的表现基本都是正常的。他不想出去社交，并且总想控制他人。因此，他没有朋友，到 50 岁时仍没有结婚。

为了了解他的生活风格，我们先来看看他的童年。小时候的他非常敏感而且好争吵，总是强调自己的痛苦和虚弱以控制他的哥哥姐姐。有一天在沙发上玩时，他把其他人都推了下去。他的婶婶为此责备了他，他说："你责备了我，你毁了我的人生。"那个时候，他只有四五岁。

这就是他的生活风格——总是试图控制别人，总是抱怨自己的虚弱和痛苦。这种特质在后来的生活中导致他变得抑郁，而抑郁本身就是软弱的表现。几乎每一个患有抑郁的人都会说："我的人生被毁了，我已经失去了一切。"通常来说，这样的人曾经备受宠爱，后来失宠了，这种经历影响了他的生活风格。

> 不同种类的动物对同一处境的反应不同，人类也是如此。面对同样的情境，兔子的反应和狼或虎的反应不同，人类也是如此。

不同种类的动物对同一处境的反应不同，人类也是如此。面对同样的情境，兔子的反应和狼或虎的反应不同，人类也是如此。有人做过一个实验：将三种类型的孩子带到狮笼旁，观察他们在第一次看到这种可怕的动物时会有什么样的反应。长子转过身说："我们回家吧。"次子说："真漂亮！"他想让自己看起来很勇敢，可实际上当他在说这句话的时候浑身在发抖，因为他其实是个胆小鬼。第三个孩子说："我可以朝他吐口水吗?"我们看到了三种不同的反应,看到了对待同一情境的三种不同的态度。同时我们也看到,绝大多数人都有一种害怕的倾向。

在社交活动中,这种胆怯是社会适应不良的最常见原因之一。有一名男子,他出身于条件优越的家庭,他从不自己付出努力,总想依赖他人。他看起来很虚弱,因此一直没能找到工作。后来家境日下,他的兄弟找到他,对他说:"你太愚蠢了,连工作都找不到。你什么都不懂。"于是这名男子开始酗酒,几个月之后就成了一个酒鬼,被送到一家精神病医院关了两年。这虽然对他有所帮助,但没有完全让他戒掉酒,他重新回到社会时完全没有做好准备。虽然是名门之后,但他找不到工作,只能做苦工。很快,他就出现了幻觉:他觉得有个人出现在他面前并且嘲笑他,所以他不能工作。起初他不能工作是因为酗酒,后来则是因为幻觉。由此我们发现,仅仅让一个酒鬼戒酒并不是有效的治疗方法,我们必须弄清楚并且纠正他的生活风格。

经过调查我们发现,这名男子从小受宠,总想得到帮助。他从来没有准备好独立工作,因此就出现了我们所看到的结果。我们必须让所有的孩子学会独立,而只有让他们认识到自己生活风格中的错误,这一目标才能实现。如果这个孩子能学会独立完成一些事情,那么他在兄弟姐妹面前就不会觉得羞耻了。

我们不应该将新旧记忆 —— 截然分开，因为新的 记忆中也包含行为轨迹。

第 5 章

早期回忆

早期回忆不是原因，它们只是一些线索，让我们知道过去发生了什么，以及事态是如何发展的。

分析了个体生活风格的意义之后，我们现在要谈论的话题是早期回忆。早期回忆也许是我们了解个体生活风格最重要的方式。原型是生活风格的核心，通过回顾童年时期的记忆，我们就能了解个体的原型，这比其他任何方法都有效。

　　要想了解一个人的生活风格，无论这个人是成人还是孩子，在听了他的一些抱怨之后，我们就应该询问他的早期回忆，然后将这些早期回忆与他给出的其他事实做比较。

　　大多数情况下，个体的生活风格是很难改变的，同一个体的个性和统一性是不变的。我们已经说过，生活风格是在追求优越目标的过程中建立起来的。因此，我们应该将个体的每一句话、每一个行为和每一种感觉都看作他完整"行为轨迹"的有机组成部分。有时候，这一"行为轨迹"表现得比较明显，这种情况尤其会出现在早期回忆中。

　　　　我们不应该将新旧记忆截然分开，因为新的记忆中也包含行为轨迹。

　　然而，我们不应该将新旧记忆截然分开，因为新的记忆中也包含行为轨迹。然而，从人生的起点寻找个体的行为轨迹比较容易和清楚，我们可以在这个阶段发现个体的人生主题，也能够真正理解他的生活风格是如何保持不变并贯穿始终的。在个体四五岁时形成的生活风格中，我们可以发现其早期回忆和当下行为之间的关联。因此，在这方面有了很多观察之后，我们更加坚信这样的理论：在早期回忆中可以找到患者原型的真实部分。

　　可以肯定，当患者回顾过去时，任何出现在他头脑中的事情对他来说都是具有情感意义的，由此我们也得到了有关其个性的线索。不可否认，被遗忘的那些经历对于个体的生活风格和原型来说也是非常重要的，只是很多时候很难找出这些遗忘的记忆，或者说无意记忆。有意记忆和无意记忆具有共同的特质，就是它们都指向同一个优越目标，都是完整原型的组成部分。因此，如果有可能的话，同时找出有意记忆和无意记忆是最好的结果，两者同等重要。一般来说，个体对这两种记忆都不了解，只有旁观者才能解读其中的意义。

　　我们先从有意记忆谈起。对于有些人来说，当有人问他们的早期回忆时，他们会回答说："我什么都不记得。"这时我们必须让他们集中注意力并努力去想。经过一定的努力，他们往往能够回忆起一些事情。但是，一开始的不愿意可能说明了他们不想回顾童年，由此我们可以判断他们的童年可能并不愉快。我们必须引导这些人。为了发现我们想要的信息，我们必须给他们引导和暗示，最终他们总能回忆起一些事情。

有些人声称记得自己 1 岁时发生的事情，这几乎不可能。事实上，他们所说的那些事情很可能是想象出来的记忆，并不是真正的记忆。但是，不论这些记忆是想象出来的还是真实的，这并不重要，因为这些记忆都是个体性格的组成部分。还有些人会说，他们不确定某件事情是自己记住的还是父母告诉他们的，这一点也不是很重要，因为即使是父母告诉了他们，他们只有对这件事情感兴趣，才会将它刻在自己的脑海里。这有助于我们了解他们的兴趣所在。

早期回忆的方式

有一位患者回忆说他曾看到一棵非常漂亮的圣诞树，上面挂满了彩灯、礼物和糖果。他的视力有一些问题，而他对"观看"产生了极大的兴趣。所以，如果要给他分配一份工作，那么这份工作最好与视觉有关。

上一章我们已经解释过，有时为了某些目的对个体进行分类会方便很多。对早期回忆进行分类可以让我们了解拥有某类早期回忆的个体会出现哪些行为。例如，有一位患者回忆说他曾看到一棵非常漂亮的圣诞树，上面挂满了彩灯、礼物和糖果。这个故事中最有意思的事情是他说他看见了。他为什么要告诉我们他看见了什么呢？因为他一直对视觉上的事物感兴趣。他的视力有一些问题，因此一直与之抗争并不断训练，在这个过程中，他对"观看"产生了极大的兴趣。这也许不是他生活风格中最重要的因素，但却是非常有趣和重要的一部分。所以，如果要给他分配一份工作，那么这份工作最好与视觉有关。

学校的教育通常忽视个体之间早期经历的不同。我们会发现对视觉感兴趣的孩子不愿意听，因为他们总是在找东西看。对于这种类型的孩子，我们应该耐心教导他们学会使用听觉。因为很多孩子只喜欢运用某一种感官，所以在学校里他们只能以一种方式接受教育。有些孩子可能擅长听，有些孩子擅长看，有些孩子则总想要动起来、做起来。我们不能指望这三种类型的孩子都会得到一样的结果，尤其是当老师只偏爱一种教学方式时。如果老师以同样的方式教这三种类型的孩子，我们预期他们的成绩不会是一样的。举例来说，对于听觉型孩子有效的方法用在视觉型孩子或者动觉型孩子的身上，后两种类型的孩子就会遇到困难，他们的发展就会受阻。

　　以一个 24 岁的年轻男子为例，他经常昏厥。当问及他的早期回忆时，他说自己在 4 岁时曾因为听到火车的轰鸣声而昏倒。也就是说，他在听到过某个声音之后对"听"产生了兴趣。我们没有必要解释这名男子后来怎么患上昏厥症的，只需要知道的一点是，他从小就对声音很敏感。他具有很高的音乐素养，无法忍受噪声、不和谐或刺耳的声音。因此，汽笛声会对他造成那么大的影响也就不足为奇了。儿童或者成人常会对曾经困扰他们的事物感兴趣。读者应该还记得上一章提到的患有哮喘的男子。他小的时候，胸部曾被紧紧捆绑过，使他呼吸困难，结果他对呼吸方式产生了极大的兴趣。

> 有些人的全部兴趣似乎都是食物，他们的早期回忆与吃有关。我们发现，早期生活中的饮食问题使个体成年后非常看重吃。

　　有些人的全部兴趣似乎都是食物，他们的早期回忆与吃有关。对于他们来说，世界上最重要的事情似乎就是怎么吃、吃什么、不吃什么。我们发现，早期生活中的饮食问题使个体成年后非常看重吃。

    我们接下来要分析的一个早期回忆的案例与行动和走路有关。我们知道，很多孩子一开始因为虚弱或患有佝偻病而行走不便。他们因此会对行走变得非常感兴趣，而且总想走得快一些。以下这个例子说明了这一点：一名 50 岁的男子向医生诉苦，说他只要和别人一起过马路就会担心他们两个人都会被撞，但他自己过马路时从来没有这种恐惧。事实上，他独自过马路时非常镇定。只要身边有人，他就总想去救那个人，他会抓住同伴的手臂，一会儿将他推向左边，一会儿将他推向右边，结果总会惹恼同伴。尽管这种例子不常见，但有时我们也会遇到。让我们来分析一下他这些恼人行为的原因。

    当被问及他的早期回忆时，他说自己 3 岁时还不能很好地走路，并且患有佝偻病。过马路时，他两次被撞。因此，成年后证明自己已经克服了这种缺陷对他来说很重要。也就是说，他想要证明自己是唯一能够安全过马路的人。因此，只要有人与他一起过马路，他就想抓住机会证明这一点。当然，对于大多数人来说，能够安全地过马路并不是值得骄傲和竞争的事情。但是对于类似的患者来说，他们有着非常强烈的行动以及炫耀其行动能力的欲望。

　　我们再看另一个案例，案例中的男孩曾经几乎成为罪犯。他偷窃、逃学，最后他的父母都感到绝望了。他的早期回忆是关于他如何希望四处走动、跑来跑去的。现在，他跟随自己的父亲一起工作，但是整天坐着不动。根据这个案例的性质，治疗的方法之一是让他成为一名推销员，为他父亲的生意跑腿。

早期回忆的目标

> 　　当孩子看到一个人忽然死去时，他的心灵会受到很大的影响。我们发现，很多这样的孩子长大以后开始对医学感兴趣，他们可能会成为医生或者化学家。

　　早期回忆最重要的一个类型是童年时期目睹的死亡。当孩子看到一个人忽然死去时，他的心灵会受到很大的影响。有的孩子会因此变得非常忧郁，有的孩子可能不会忧郁，但他开始对死亡问题非常关注，会通过各种方式与疾病或死亡做斗争。我们发现，很多这样的孩子长大以后开始对医学感兴趣，他们可能会成为医生或者化学家。这样的人生目标当然是有意义的，他们不只自己与死亡做斗争，也帮助其他人这样做。但有的时候，原型也会产生非常自我的想法。有一个小男孩因为姐姐的死亡而受到了非常大的影响，当被问及长大后想做什么，他的回答是"掘墓人"，而不是人们期望的"医生"。当进一步被问为什么选择这个职业时，他说："因为我想成为埋葬他人的那个人，而不是被埋葬的那个人。"我们认为这样的目标是无意义的，因为这个男孩只考虑自己。

有时候，人们对某一方面尤其感兴趣。例如，一个孩子也许会说："有一天，我负责照看我的妹妹，我很想照顾好她。我把她放在了桌子上，但是桌布被挂住了，妹妹掉了下来。"这个孩子只有 4 岁，让这个年龄的孩子去照看一个更小的孩子当然早了些。可想而知，这件事情对这个孩子的一生来说是多么大一个悲剧，她当时很想照看好妹妹的。长大后，她嫁给了一个和善的男子，但她总是嫉妒别人，非常刻薄，总是担心丈夫会喜欢别人。我们不难理解她的丈夫是如何逐渐厌倦了她，转而将所有情感都倾注在了孩子身上。

有时候，人们会表现出明显的紧张。他们记得自己曾经想过伤害家人。这样的人只对自己的事情感兴趣，不喜欢其他人。他们经常带有敌对情绪。这种情绪在他们的原型中已经存在了。

我们的案例中有过这样一名男子，他从来都不能完成任何事情，因为他总担心自己的朋友或同事更喜欢别人，或者怀疑其他人在设法超过他。带着这样的念头，他从来没有真正融入社会。他在每份工作中都非常紧张。这种态度在爱情和婚姻中表现得更加明显。

即使无法完全治愈这种患者，我们也可以借助早期回忆改善他们的状态。

我们要治疗的对象之一是我们在前面提到的和母亲、弟弟一起逛市场的那个男孩。当开始下雨时，母亲把他抱了起来，但是一看到他的弟弟，母亲就把他放了下来而抱起了弟弟。他因此感觉弟弟更受母亲喜欢。

> 早期回忆预示了个体为实现目标而要采取的行动以及需要克服的障碍，表明了个体如何对某一方面产生了更大的兴趣。

正如前文所说，如果我们能够得到这些早期回忆，就能预测患者在今后生活中会发生什么事情。然而我们须谨记，早期回忆不是原因，它们只是一些线索，让我们知道过去发生了什么以及事态是如何发展的。早期回忆预示了个体为实现目标而要采取的行动以及需要克服的障碍，表明了个体如何对某一方面产生了更大的兴趣。比如，某位患者也许在性方面经历过"创伤"，他可能就对这方面更感兴趣。被问及他的早期回忆时，如果听到他说起自己的性经历，我们也并不意外。有些人在儿童期就对性特征很感兴趣。对性感兴趣是正常的人类行为，但正如我们前面所说，兴趣有不同形式和程度。那些早期对性格外感兴趣的人今后也是如此。因为他们过于关注性这一方面，他们的生活当然不会和谐。有些人认为性是一切事物的基础；而有些人则认为胃才是最重要的器官。我们发现，这些患者的早期回忆和成年后的性格特征是非常一致的。

被溺爱的和被讨厌的孩子的早期回忆

我们来看看小时候被溺爱的那些人的早期回忆。早期回忆能够很清楚地折射出这类孩子的性格特点。他们经常提到自己的母亲，这也许非常正常，但其实说明了他必须努力争取才能获得有利地位。有的时候，早期回忆似乎无关紧要，但是如果对它们加以分析，一定会有所收获。例如，有位男子告诉你："当时我正坐在自己的卧室里，我母亲在壁橱旁站着。"这听来不重要，但他提到自己的母亲就表明这对他很重要。有的时候，患者的早期回忆没有明确提到母亲，对这类早期回忆的研究就比较复杂一些，我们必须进行一些猜测。例如，有患者可能会说："我记得我去旅行了。"如果你问他是跟谁一起旅行的，他可能会说是跟母亲。或者，如果有孩子说："我记得有一年夏天我是在一个村庄里度过的。"我们猜想他的父亲在城里工作，他跟着母亲去了乡下。我们可以问他："谁和你在一起？"我们经常会发现母亲对孩子的潜在影响。

　　在早期回忆的研究中，我们会发现孩子如何努力争宠，也会发现孩子在成长的过程中越来越重视母亲给予他的溺爱。这一点对于我们的研究和理解是重要的，因为如果孩子或成人告诉我们这类的早期回忆，我们可以断定这些人总是感觉自己面临危险或别人比自己更受喜爱。我们会看到这种紧张感越来越强，越来越明显，他们的认知都集中在这个想法上。这样的事实非常重要，它意味着在今后的生活中，这种人嫉妒心很强。

> 　　如果孩子或成人告诉我们自己努力争宠的早期回忆，我们可以断定这些人总是感觉自己面临危险或别人比自己更受喜爱。

有一个男孩，他能考上高中一直都是个谜。他非常好动，永远不能坐下来专心学习。在应该学习的时候，他总是想着其他事情，不是去咖啡馆就是到朋友家拜访。因此，了解他的早期回忆应该很有意思。他说："我记得我躺在摇篮里，盯着墙，我注意到墙上有贴纸，贴纸上面有花、人物等。"这个人只打算待在摇篮里，而没有为考试做好准备。他不能专心学习，总是想着其他事情，试图一心二用，可是又做不到。可想而知，他曾是一个被溺爱的孩子，无法独立完成工作。

现在再来谈谈被讨厌的孩子。这种类型的孩子比较少，是比较极端的案例。如果一个孩子从一出生就遭人讨厌，那他是无法活下来的，这样的孩子必然会夭折。通常来说，父母或者保姆会在一定程度上溺爱孩子，满足他们的各种需求。我们发现，遭人讨厌的孩子经常是私生子、问题儿童或被遗弃的儿童，他们变得非常抑郁。在他们的早期回忆中，经常会有自己遭人讨厌的感觉。比如，有一位男子说："我记得我被打过屁股，母亲总责备我、批评我，直到我逃跑为止。"在逃跑的过程中，他差点儿溺水而亡。

这位男子去看了心理医生，因为他总是无法踏出家门。从他的早期回忆中我们知道，他曾在外出时遇到了危险。这次遭遇刻在了他的脑海中，之后每次外出时，他就开始担心可能会遇到危险。他是个非常聪明的孩子，但他总担心自己不能在考试中取得第一名，因此总是犹豫不决，难以进步。当他终于考上大学后，又开始担心自己竞争不过别人。所有这些都可以追溯到他对危险的早期回忆。

　　一个孤儿的例子也可以说明这一点。这个孤儿的父母在他 1 岁的时候就去世了。他患有佝偻病，被送到孤儿院以后没有得到恰当的照料，没有人照顾他。长大后他很难交到朋友。从他的早期回忆中，我们发现他总是觉得别人比自己更受喜爱。这种感觉严重影响了他的成长。他总是感觉自己遭人讨厌，这阻碍了他解决生活中的各种问题。因为自卑，他缺失了生活的各个方面，例如恋爱、婚姻、友谊和事业。所有这些都要求与别人进行密切的接触。

　　另一个有趣的案例是关于一个总是抱怨失眠的中年男子的。他 46 岁左右，已婚，并且有孩子。他对别人总是吹毛求疵，蛮横无理，对自己的家人尤其如此。他的行为让每个人都苦不堪言。

> 　　他小的时候父母就经常吵架，还经常打架、威胁彼此，因此他很怕自己的父母。他不太相信自己可以变得优秀，因此特别努力，总是工作到半夜才休息。

当被问到早期回忆时，他说在他小的时候父母就经常吵架，还经常打架、威胁彼此，因此他很怕自己的父母。他上学时邋里邋遢，没有人关心他。有一天，他的老师不在，由另一位女老师代课。这位代课老师对要完成的任务及任务可能的结果很感兴趣。她认为这是一份不错且高尚的工作。她看到了这个男孩的潜能，并且鼓励他。这是第一次有人这样对待这个男孩。从那时起，他开始取得进步，但总感觉是有人在后面推着他前进。他不太相信自己可以变得优秀，因此特别努力，总是工作到半夜才休息。就这样，他开始习惯每天加班到深夜，或者干脆不睡觉而整夜思考自己应该做什么。结果他认为，想要取得成就，就应该整夜工作。

我们发现，在今后的生活中，他渴望卓越，这也表现在他对家人的态度和对他人的行为中。他的家人不如他强大，他便扮演了征服者的角色。他的妻子和孩子都不可避免地遭受着他的折磨。

总结一下这位男子的性格，我们可以说他有一种优越目标，这是具有强烈自卑感的人为自己选择的目标。这种情况经常发生在那些过于紧张的人身上。紧张意味着他们对自己能否成功的怀疑，这种怀疑反过来又被一种优越情结所掩盖。通过研究早期回忆就能揭开这种情形的面纱。

心态并不是天生或遗传的，而仅仅是个体面对不同情景做出的反应。某一性格特征是个体在面对困境时，他的生活风格给统觉系统的答案。

第 6 章

行为和态度

行为本身源于态度，又是态度的表达；态度是个体对生活的表现。

上一章，我们重点解释了如何通过个体的早期回忆和幻想来揭示其隐藏的生活风格。研究早期回忆只是研究个性的所有方法中的一种。所有这些方法都基于通过部分来解释整体这样一个原理。除了早期回忆，我们还可以观察个体的行为和态度。行为本身源于态度，又是态度的表达；态度则是个体对生活的整体态度的表现。个体对生活的整体态度构成了我们所说的生活风格。

行为

首先，我们来谈谈肢体动作。众所周知，我们会根据个体的站姿、走姿、移动方式、表达方式等对其做判断。我们不是有意识地要这样做，但是这些方面的印象总会引起人们对个体的喜欢或讨厌。

站姿

拿站姿来说，当我们看到一个孩子或成人时，会立马注意到他是站得笔直还是弯腰驼背，要区分这一点不是很困难。

我们要特别留心的是那些过于夸张的站立姿势。如果一个人站得过于笔直，呈现出拉伸的姿势，我们就会怀疑他是否刻意做出这个姿势。我们可以判断，这个人远不如自己表现得那么强大。从这一细节，我们就可以看出他表现出了某种优越情结。他想要表现得更加勇敢，想要更多地表达自己。如果他不那么紧张，本可以做到这一点。

> 有些人总是弯腰驼背。这样的姿势在一定程度上表明了他们的懦弱。

有些人的姿势则正好相反，他们总是弯腰驼背。这样的姿势在一定程度上表明了他们的懦弱。但是，我们这门艺术和科学有一个原则就是我们应该始终谨慎，要多方面考虑，永远不要仅仅基于一个角度就做出判断。有时候我们自认为是正确的，但仍需要从其他角度验证自己的判断。我们要问自己："弯腰站立的人都是怯懦的人，这样的想法对吗？这样的人陷入困境时会如何应对呢？"

倚靠

从另一个角度来看，我们会发现这类人总是想要倚靠某个东西，如桌子或椅子。他们不相信自己的力量，希望得到支持。这种倚靠的姿势和弯腰站立反映了同一种心态。因此，这两种类型的行为都出现时，我们的判断就得到一定程度的验证。

　　我们会发现，那些总是想要得到支持的孩子与个性独立的孩子具有不同的姿势。通过观察孩子如何站立以及如何待人，我们就能够判断这个孩子的独立程度。遇到这种情况，我们无须怀疑自己的判断，因为有多种可能性可以验证我们的结论。一旦我们证实了自己的结论，就可以采取措施改善这个孩子的处境，把他拉到正确的轨道上来。

　　因此，我们可以找想要得到支持的孩子做实验：让他的母亲坐在一把椅子上，然后让孩子走进母亲所在的房间。我们发现，这个孩子根本不看其他人，径直向母亲走去，然后靠在那把椅子上或母亲身上。这证实了我们的预测，即这个孩子想要得到支持。

> 　　孩子根本不看其他人，径直向母亲走去，然后靠在那把椅子或母亲身上。这个孩子想要得到支持。

　　有趣的是这个孩子对待他人的方式，不仅反映了孩子的社会兴趣和社会适应程度，也体现了他对别人的信任程度。一个不想靠近他人，或者总是远离他人站立的人在其他方面也很矜持，我们会发现他总是沉默寡言。

距离的远和近

> 她环顾四周，然后选了一个远离医生的座位。我们由此推测，她唯一愿意接触的人就是她的丈夫，独处时她会非常焦虑，不喜欢社交。

因为每个个体都是一个统一体，个体应对各种生活问题的方式是一样的，所以我们可以看到，个体不同的表现都指向同一个结论。为了说明这一点，我们以一位女士为例，她去找医生看病。医生本以为该患者会在靠近他的位置坐下来，但被邀请就座时，她环顾四周，然后选了一个远离医生的座位。我们由此推测，该患者只愿意与一个人亲密接触。她说她已经结婚了，从这一点我们就可以推测这位女士的整体情况：她唯一愿意接触的人就是她的丈夫，她希望被宠爱，她会要求她的丈夫每天按时回家，独处时她会非常焦虑，她不愿一个人出门，不喜欢社交。总之，从她一个小小的肢体动作，我们就可以猜测她的所有情况。但是，我们也有很多方法证实这些猜测。

她可能会告诉我们："我很焦虑。"如果不知道焦虑可以是一种控制他人的武器，我们就不能理解这句话意味着什么。如果一个孩子或成人患有焦虑症，我们可以猜测他身边有一个可以依赖的人。

有些人总是喜欢站在墙边或靠在墙上，这是不够勇敢、独立的表现。我们来分析一下这种胆小、犹豫的人的原型。有一个男孩，他在学校的时候非常羞怯，这是一种非常重要的迹象，表明他不愿意与他人接触。他没有朋友，总是盼着放学。他行动缓慢，下楼梯时总是贴着墙走，走路时看着地面，放学后一路跑回家。他在学校里不是一个好学生，事实上，因为他在学校里不开心，所以他的学业成绩很差。他总想回家找母亲，而他母亲是一个寡妇，身体虚弱，非常溺爱孩子。

为了对患者有更多的认识，医生与他的母亲进行了交谈，他问她："您的孩子愿意睡觉吗？"她说"是的。""他夜里哭闹吗？""不。""他尿床吗？""不。"

医生认为要么他自己出错了，要么就是那个男孩出了错。随后他便断定这个男孩一定是和母亲一起睡的。这个结论如何得来？孩子晚上哭闹是为了引起母亲的注意。如果他和母亲一起睡，那就没有必要哭闹了。尿床也是如此。医生的结论后来得到了证实：那个男孩确实和母亲一起睡。

如果仔细观察，我们会发现心理学家所关注的那些小细节都是个体完整的生活计划的一部分。个体的生活目标会告诉我们很多信息。对于以上案例中的男孩来说，他的目标就是一直与母亲待在一起。我们据此可以推断孩子是不是低能，因为一个低能的孩子是无法制订出这么聪明的一个生活计划的。

态度

现在我们来看看人们不同的心态。有些人争强好胜，有些人则总想妥协放弃。但是，我们还没有看到哪个人会真的放弃，这不是人类的本性，所以不可能发生。一个正常的人是不会放弃的，如果他看起来要放弃，反而说明他在做更多的努力。

勇敢和懦弱

有一种类型的孩子总是想要放弃。通常来说，这样的孩子是家里关注的焦点。每个人都关心他，推着他走，给他忠告。他在生活中总是需要他人的帮助，成了别人的负担。这是他所追求的优越目标，他希望通过这种方式支配他人。我们前面说过，这种优越目标是自卑情结导致的。如果他相信自己的能力，就不会采取这种简单的方法来取得成功。

有一个17岁的男孩就具有这种特质。他是家里的长子。我们已经知道，次子出生并取代长子的地位、成为家人关注的焦点对长子来说是个悲剧。这个男孩就是这样的。他变得忧郁、乖戾，不去工作。有一天，他想要自杀。紧接着他就去看了医生，告诉医生，他想自杀的前一晚做了一个梦，梦到自己杀了父亲。我们可以看到，这样一个沮丧、懒惰、不上进的人其实一直在心里盘算着该如何行动起来。我们也发现，这些看似懒惰的孩子或成人实际上可能正处于危险的边缘。很多情况下，这种懒惰只是表面现象，一旦发生什么事情，他们就会试图自杀，患上神经症或精神失常。确认这些患者真正的心态是一个困难的任务。

羞怯也很具有危险性。羞怯的孩子必须被细心照顾，他们的羞怯必须得到及时的纠正，否则它可能会毁了孩子的一生。除非羞怯被纠正了，否则他会生活得很艰难，因为在某些文化中，只有勇敢的人才能取得成功，尝到生活的甜头。勇敢的人即使失败了，也不会受特别大的伤害，但羞怯的人一旦遇到困难就会逃避到生活的无益面。这样的孩子在今后的生活中会患上神经症或者精神失常。这样的人总会带有一种自惭形秽的神色，跟别人在一起时结结巴巴，很少说话，或者干脆谁也不见。

> 心态并不是天生或遗传的，而仅仅是个体面对不同情景做出的反应。某一性格特征是个体在面对困境时，他的生活风格给统觉系统的答案。

以上描述的这些性格特征反映了个体的心态。这些心态并不是天生或遗传的，而仅仅是个体面对不同情景做出的反应。某一性格特征是个体在面对困境时，他的生活风格给统觉系统的答案。当然，这种答案并不一定是理性的，它是个体的童年经历和所犯的错误共同给出的答案。

我们可以看出这些心态的作用，也可以看出它们是如何在孩子及不正常的成人中形成的，而在正常的成人身上，我们比较难观察到这些。我们已经知道，原型阶段的生活风格比后期的生活风格更加清楚可见，也更容易理解。有人将原型比作未成熟的水果，它会吸收所有可以吸收的东西，包括肥料、水、空气，这些都会被用来促进它的成长。原型和生活风格之间的区别就像未成熟的水果和成熟的水果之间的区别。尚未成熟的水果容易被打开并被检查，而它所揭示的内容在很大程度上也同样适用于成熟的水果。

例如，从小胆怯的孩子今后在很多态度中也有胆怯。胆怯的孩子和争强好胜的孩子有很多不同，后者通常具有某种程度的有勇气，而且他们的勇气是常识的自然产物。然而，胆怯的孩子的勇气只发生在他刻意争取第一名的时候，他会在这种情况下表现得像一位英雄。下面这个男孩的例子就清楚地说明了这一点：这个男孩不会游泳，有一天，别的孩子邀他一起去游泳，他去了。水很深，他差点儿被淹死。这当然不是真正的勇气，简直毫无意义。这个男孩这么做只是为了得到他人的崇拜。他无视危险，希望别人会去救他。

宿命论

从心理学角度来说，勇敢和怯懦的问题与宿命论密切相关。宿命论影响我们做出有意义行动的能力。有些人具有一种优越感，让他们觉得自己无所不能。他们自认为无所不知，因此什么都不愿意学。可想而知，如果有学生这样想，那么他的成绩往往会很差。有些人则总想尝试最危险的事情，他们相信自己能够逢凶化吉，绝对不会失败。大多数情况下，发生在这些人身上的事件，后果也不好。

> 他们可能亲历了一场非常严重的事故，但幸存了下来。由此，他们便认为自己命中注定具有更大的存在意义。

我们发现，那些幸免于难的人往往会有这样的宿命感。例如，他们可能亲历了一场非常严重的事故，但幸存了下来。由此，他们便认为自己命中注定具有更大的存在意义。曾经有一位男子就抱有这样的想法，但在经历了一次意外后，他丧失了所有的勇气，从此一蹶不振。对他来说，最重要的精神支柱已经轰然垮塌了。

当被问及他的早期回忆时，他讲了一个非常重大的经历。他说有一次，他打算去维也纳一家剧院看戏，但在去之前他要先去办理其他事情。当他终于到达剧院的时候，那家剧院已经被火烧的一干二净，而他侥幸避免了这一灾难。不难想象，这个人会觉得自己命中注定有更大的存在意义。此后一切进展顺利，直到他的婚姻出现问题，他立刻就垮掉了。

关于宿命论的意义，可写可说的内容有很多。它不仅影响个人，还影响整个民族和文明的发展。但从我们的角度来说，我们只讨论它与心理活动和生活风格的关系。相信命运在很多时候是一种懦弱的逃避，它让个体逃避奋斗和从事有意义的活动。所以，宿命论给人的是一种错误的支撑。

羡慕、男性钦羡、性问题

> 羡慕是影响同伴关系的一种基本心态，是自卑的表现。少量的羡慕是无害的、正常的。

羡慕是影响同伴关系的一种基本心态，是自卑的表现。诚然，我们每个人的性格中多少有些羡慕的成分。少量的羡慕是无害的、正常的。但我们必须把羡慕转化成一种有益的力量，让它能够有助于我们的工作，有助于我们进步，有助于我们面对问题。若能如此，羡慕便是有益的。因此，我们应该原谅每个人身上都有的那一点小小的羡慕。

> **而嫉妒是一种更难对付和更加危险的心态，它不可能产生积极作用的。**

　　而嫉妒是一种更难对付和更加危险的心态，它不可能产生积极作用。没有方法能够让一个嫉妒的人成为有用的人。而且，嫉妒是由非常强烈的、深层的自卑感导致的。嫉妒的人总是担心自己会失去同伴。因此，每当他试图用某种方式来影响自己的同伴时，他的嫉妒性就会泄露他的无能。如果研究这类人的原型，我们会发现他们具有一种剥夺感。任何时候遇到一个嫉妒心强的人，我们都应该了解一下他的过去，看看我们是否在与一个失宠的人打交道，因为这样的人预期他还会失去其他人的宠爱。

　　我们现在要从羡慕和嫉妒的普遍性问题过渡到一种非常特殊的羡慕，即女性对男性优越社会地位的羡慕。我们发现很多女性都希望自己成为男性。这种心态可以理解，因为客观地讲，在很多文化中，男性总是处于领导地位，他们比女性得到了更多的赏识、重视和尊敬。从道德层面来说，这是不对的，应该被纠正。女孩们发现家里的男性和男孩过得更加舒服，他们不用为琐碎的事情操心，在很多方面都更加自由。这些男性的优越的自由让女性开始对自己的性别感到不满。于是她们开始模仿男性，模仿的方式多种多样，如穿男装。在这方面，她们有时会得到父母的支持，因为男装确实更舒服。这样的行为是有用的，所以不必给予打击。但是，有一些心态是无意义的，例如一个女孩想用男孩的名字，不愿用女孩的名字。如果别人不以她们选择的男孩的名字称呼她们，她们会非常生气。如果这种心态不仅仅是一种恶作剧，而是反映了内心深处的一些东西，那它就非常危险了。在今后的生活中，它可能会演变为对性角色的不满，对婚姻的厌恶，或对结婚后自己所承担的女性角色的厌恶。

主张基于性平等调节两性关系的人不应该鼓励女性的这种"男性钦羡"。事实上，男性钦羡会扰乱和影响所有的两性功能，会导致很多严重的症状，如果要追根溯源，我们会发现这些情况起源于童年期。

> 有些女孩想要变成男孩，同样，有些男孩想变成女孩，这是一种优越情结的表现。

有些女孩想要变成男孩，同样有些男孩想变成女孩，尽管这种情况相对较少。这种男孩想模仿的不是普通女孩，而是那种举止夸张的女孩，他们涂脂抹粉、头戴鲜花，这也是一种优越情结的表现。

我们发现，很多这样的男孩在一个女性主导的环境中长大，因此长大后他们会模仿母亲而不是父亲的特质。

有一个男孩遇到了性问题去找医生咨询。他说自己经常与母亲在一起，父亲在家里是一个无足轻重的人。他的母亲在结婚前是一个裁缝，结婚后也做一些相关的事情。这个男孩经常与母亲在一起，开始对母亲做的东西产生了兴趣。他开始缝衣服，画女性裙子的图样。他 4 岁时学会了判断时间，因为他的母亲总是 4 点出门，5 点回来。由此看出，这个男孩对母亲多么关注。因为期盼母亲回来，他学会了看钟表。

后来他开始上学，他的行为像女孩子一样。他从不参加任何运动或游戏，男孩子取笑他，有时甚至亲吻他。有一天，他们要演一出戏剧，可想而知，他扮演的是女孩子的角色。他表演得非常到位，以至于很多观众以为他是女孩子，一位男观众甚至爱上了他。就这样，这个男孩意识到，虽然他自己作为男性没有得到赏识，但作为女性却得到了很高的赏识。这种心态就是他之后遇到的性问题的根源。

第 7 章

梦及其解析

意识和无意识共同构成了
完整的个体。梦是个体心理的
表达和活动形式。

正如我们在前面的章节中解释的那样，个体心理学认为意识和无意识共同构成了完整的个体。在前两章中，我们讨论的是个体的意识部分，包括早期回忆、态度和行为。现在，我们将用同样的方法阐释个体的无意识或半意识部分，即梦。用相同的方法的理由是，与清醒时的生活一样，我们梦中的生活同样是个体的一部分。虽然其他心理学流派的支持者一直在寻找有关梦的新观点，但我们一如既往地坚持认为梦是个体心理的表达和活动形式。

生活风格和目标

我们已经知道，清醒时的生活状态是由优越目标决定的，那么个体的梦也可能是由其优越目标决定的。个体的梦是其生活风格的一部分，梦中总会有个体的原型。事实上，只有明白了原型是如何与某个具体的梦联系起来的，我们才能确定真的理解了那个梦。同样，如果你非常了解一个人，那么你基本上可以猜出他会做什么样的梦。

> 我们知道，人类总的来说其实非常懦弱。基于这样的事实，我们可以推测，人们在大多数梦中会感到恐惧、危险或焦虑。

例如，我们知道，人类总的来说其实非常懦弱。基于这样的事实，我们可以推测，人们在大多数梦中会感到恐惧、危险或焦虑。因此，如果我们了解一个人，并且知道他的目标是逃避解决生活中的问题，那么就可以猜测他经常梦到自己失败了。这样的梦就像在警告他："不要继续下去了，你会失败的。"他对未来的看法就是他会失败。很多人会做这样的梦。

举一个具体的案例，患者是临近考试的学生，我们了解到他是一个容易放弃的人，由此我们便可以猜测他会怎样面对即将到来的考试。他整天提心吊胆，无法集中注意力，最后他对自己说："时间太短了。"他甚至想要推迟考试。他大概会梦到自己失败了，这体现了他的生活风格，为了达成自己的目标，他一定会做诸如此类的梦。

以另一个学生为例，他的学业不断进步，他勇敢自信，不会担心忧虑，也不会为自己找借口。我们可以猜到，考试前他会梦到自己爬上了一座高山，陶醉于从山顶看到的美景，会心满意足地醒来。这是他当前生活状态的体现，我们可以看出他的梦如何反映了他的成就目标。

还有一种人是局限型的，这种人做事进行到某一阶段便无法继续了。他们会梦到自己遇到了种种限制，梦到自己无法逃离某些人和困难。他还经常梦到自己被追杀。

在进入到下一种类型的梦之前，我们应该说明，如果有人告诉心理学家："我不能告诉你我的梦，因为我不记得了。但我可以编造一些梦说给你听。"心理学家们是不会感到失望的，因为他们知道，即使是个体幻想的事情，也与他的生活风格有关。个体编造的梦和他真实记得的梦一样有用，因为他的想象和幻想也是生活风格的表达。

个体的幻想不需要完全复制其真实的行为就可以体现出一个人的生活风格。例如，我们发现有些人会更多地生活在自己的幻想中。他们在日常生活中胆小如鼠，在梦中则勇敢无畏。但我们还是会发现一些迹象，表明他们不想完成自己的工作，即使在勇气十足的梦中，这些迹象也很明显。

> 个体的幻想不需要完全复制其真实的行为就可以体现出一个人的生活风格。例如，我们发现有些人会更多地生活在自己的幻想中。他们在日常生活中胆小如鼠，在梦中则勇敢无畏。

梦的目的始终是为个体的优越目标铺平道路。个体的所有症状、行为和梦都是一种训练，使其能够发现自己的优越目标，不管这个目标是成为大家关注的焦点，还是指使他人，或者是逃避问题。

梦既没有逻辑性，也没有真实性。梦的存在就是为了制造某种感觉、情绪或者情感，想要完全理解含糊不清的梦是不可能的。但是，梦中的生活与真实生活只存在程度上的差别，而没有本质上的不同。我们已经知道，心灵对各种人生问题给出的答案与个体的生活模式相关。尽管这些答案不符合既定的逻辑，然而为了正常的社交活动，我们需要努力使这些答案越来越符合逻辑。一旦我们摒弃了对日常生活的绝对观点，梦也就失去了它的神秘性。此时，梦就成了对现实生活中的这种相关性以及事实与情感混合的进一步表现。

在远古的先人们看来，梦是非常神秘的。他们通常将梦看作一种预言，是对即将发生的事情的预言。这种观点不完全是错的。对于做梦的人来说，梦确实是连接当前困境与成就目标的桥梁。就这点来说，梦总能成为现实，因为做梦的人在梦中会训练自己，会为梦成为现实做好准备。

从另一种方式来说，梦中和日常生活中会发生同样的相关联的事情。一个敏锐、聪慧的人会通过分析自己的日常生活或梦境来预见自己的未来。他需要做的就是判断。例如，如果某人梦到他认识的一个人去世了，而事实确是如此，那么这个做梦者可能是一个医生或者是死者的亲人。做梦的人只不过是把他日常生活中的想法带到了梦境中。

> 梦中和日常生活中会发生同样的相关联的事情。

"梦是一种预言"这种观点只对了一半，所以应该被看作一种迷信。通常相信其他迷信的人会相信这个观点，或者那些试图让大家认为自己是预言家的人也会拥护这个观点。

为驱除"梦具有预言性"这种迷信以及它的神秘性，我们必须解释一下为什么大多数人不理解自己的梦。事实上，人们甚至对日常生活中的自己也不怎么了解。很少有人会进行反思性的自我分析，而这种分析能够让人们明白自己正走向何方。对梦的分析要比对日常生活中的行为的分析更加复杂和隐晦。这也难怪很多人无法理解自己的梦，也难怪人们会去求助那些江湖骗子。

个人逻辑

我们不应该将梦中发生的事情直接与日常生活中的事情做比较，而应该与前面章节中描述的反映个人智力的现象相比较，这样我们才能理解梦的逻辑。读者应该还记得我们是如何描述罪犯、问题儿童和神经症患者的心态的，即他们是如何产生了某种感觉、脾气或者情绪以使自己相信某一事实的。例如，杀人犯通常会这样为自己辩解："这个人在地球上没有立足之地，因此我必须杀了他。"地球空间有限这一想法在他心里不断强化，使他产生了杀人的念头。

这样的人可能还会给出这样的理由：某些人有漂亮的裤子，而自己没有。他过于看重这件事情，开始嫉妒那个人，他的优越目标就变成了拥有漂亮的裤子。他开始做梦，梦中产生的情绪促使他不断接近自己的目标。事实上，很多为众人熟悉的梦说明了这一点。以《圣经》中约瑟夫的梦为例，他梦到所有人都屈服在他面前。我们都知道，这个梦跟他日后的命运是多么相符：他最后被自己的兄弟姐妹驱逐出去了。

另一个众所周知的梦来自希腊诗人西摩尼得斯。有人邀请他到小亚细亚讲学。他犹豫不决，尽管船已经停在港口等他，他却一再推迟行期。他的朋友试图劝他动身出发，但都没有用。之后他做了一个梦，梦到了一个已经去世的人，他们曾经在森林里见过。这个人出现在了他的面前，对他说："当初在森林里，你非常尽责地照顾我，作为报答，我劝你不要到小亚细亚去。"西摩尼得斯醒来后说："我不去了。"事实上，虽然他不理解自己的梦，但在做梦之前，他已经倾向于不去那儿，这个梦只是他制造出来的一种情感支持，来支持他已经做出的决定。

> 人们会制造出某种幻想来欺骗自己，然后便产生了某种自己想要的感觉或情绪。通常来说，这种感觉或情绪就是人们做梦后所记住的东西。

显然，人们会制造出某种幻想来欺骗自己，然后便产生了某种自己想要的感觉或情绪。通常来说，这种感觉或情绪就是人们做梦后所记住的东西。

西摩尼得斯的梦让我们想到了一个问题：该如何解释梦呢？我们必须牢记梦是个体创造力的一部分。西摩尼得斯在做梦时通过幻想对故事进行了安排。他挑选了一个已经去世的人。为什么这位诗人会从他所有的人生经历中选择这个呢？显然，这是因为他对死亡很担忧，想到乘坐那艘船他就会觉得很害怕。在他那个时代，航海是非常危险的，所以他犹豫不决。也就是说，他犹豫不仅仅是因为担心会晕船，而且会害怕遭遇沉船。这种对死亡的预想使他选择了一个去世的人的情节。

> 个体对画面、记忆和幻想的选择反映了他思考的方向。我们从中能够看出做梦者的倾向以及他的人生目标。

如果我们以这种方式来看待梦，那么对梦的解析也就不那么难了。我们需要记住，个体对画面、记忆和幻想的选择反映了他思考的方向。我们从中能够看出做梦者的倾向以及他的人生目标。

我们以一位已婚男子的梦为例。他对自己的家庭生活不太满意。他有两个孩子，但总是担心妻子把精力都放在了其他事情上而没有照顾孩子们。他为此批评妻子并试图改变她。一天晚上，他梦到自己有了第三个孩子，但这个孩子丢了，没有被找到。他责备妻子没有照顾好这个孩子，孩子才会丢失。

我们由此可以看出这位男子的心理倾向：他心里一直担心他的两个孩子有可能丢失，但又没有勇气面对这样的结果，所以在梦中他幻想出了第三个孩子，让这个孩子丢失。

此外，我们也可以看出，这位男子很喜欢他的两个孩子，不希望失去他们。同时，他也觉得他的妻子照顾两个孩子已颇有压力，不可能照顾三个孩子。如果他们生了第三个孩子，这个孩子一定会夭折。因此我们发现了这个梦的另一面，也就是说，这位男子其实在想："我是否应该要第三个小孩？"

这个梦产生的真正结果是这位男子对妻子产生了敌对情绪。尽管实际上他们没有失去任何一个孩子，但他每天早上醒来后都会对妻子肆意批评、充满敌意。人们经常在早上起床后因为前一晚梦中产生的情绪而变得好争吵、好批评。这种状态有点儿像酗酒，而不像抑郁症，因为抑郁症患者常沉溺在失败、死亡和失去的想法中无法自拔。

我们也许还可以看出，这名男子选择了自认为占有优势的事情，如他认为："我很关心我的孩子，但我的妻子不是，所以才丢失了一个孩子。"由此，他试图控制别人的倾向就在梦中显现了出来。

做梦的原因

用现代的观点解释梦大约开始于 25 年前。最初，弗洛伊德认为梦是对婴儿期性欲的满足。我们不赞同这种观点，因为如果梦是对这种欲望的满足，那么任何事情都可以被解释为对这种欲望的满足。每个想法都是这样产生的，即从深层次的潜意识上升到意识。因此，这种性满足的说法实际上不能解释任何特别的事情。

后来弗洛伊德认为，对死亡的渴望也是做梦的一个原因。但是，该观点显然不能解释上一个例子中那个父亲的梦，因为那位父亲肯定不希望他的孩子丢失或死亡。

> 梦总是包含对比和隐喻。对比是欺骗自己和他人的最好方法之一。可以说，梦是艺术性的自我陶醉方式。

事实上，没有一个特定的方法可以解释梦，只能借助我们之前讨论过的一般性的假设，即个体的精神生活的整体性和睡梦中的生活具有独特的情感特征。梦的情感特征以及伴随产生的自我欺骗有多种表现形式。因此，梦总是包含对比和隐喻。对比是欺骗自己和他人的最好方法之一。如果一个人使用对比说明问题，那么我们基本可以确定他不能用事实和逻辑说服别人，所以才会试图用毫无意义、牵强附会的比较来影响你。

诗人也会欺骗他人，但用的是一种愉悦的方式，他们用比喻和诗意的比较取悦读者。然而我们知道，这些诗句比平常的语言对我们的影响更大。例如，荷马描述一支希腊军队的士兵们像雄狮一样驰骋在原野上，如果我们在非常理智的状态下去读，这一比喻是不会欺骗我们的，但如果我们正处于一种诗意状态，这一比喻一定会感染我们。作者让我们相信他具有神奇的力量，如果他只是描述士兵们穿的衣服和携带的武器，他就做不到这一点。

　　人们在解释问题遇到困难时也会发生同样的事情：如果他发觉无法说服你，就会采用比较。我们已经说过，使用比较其实是自欺欺人。人们对梦中画面、图片等的选择就是如此。可以说，梦是艺术性的自我陶醉方式。

　　奇怪的是，知道梦是一种情感上的自我陶醉这样一个事实反而为人们提供了一种避免做梦的方法。如果个体知道他做了什么梦，并意识到他在自我陶醉，那么他就会停止做梦，这时做梦对于他来说就没有什么意义了。至少对我来说就是这样的，一旦意识到梦意味着什么，我就会停止做梦。

　　顺便说一下，要想真正明白梦的含义，个体必须做出彻底的情感上的转变。对我来说，这种转变是由上一次做的梦引发的。那个梦发生在战争期间，鉴于我的职责所在，我当时正在尽最大努力阻止某人被送往危险的前线。在梦中，我感觉自己杀了一个人，而不知道那个人是谁。我的情绪变得很不错，一直在想："我究竟杀了谁？"事实上，我做那个梦只是因为我满脑子想的都是要尽最大的努力使战士们处于有利的位置而免于一死。梦中的情感导致我感觉自己杀了人。但是，当明白了梦的目的后，我便放弃了做梦，因为我不需要欺骗自己去做一些没有考虑清楚的事情。

我们所说的这些可以回答那个经常被人问起的问题："为什么有些人从来不做梦呢？"这是因为他们不想欺骗自己，他们相信行动和逻辑，敢于面对问题。这类人即使做了梦，通常也会很快忘记。他们忘得如此之快，以至于认为自己根本没有做过梦。

这就引出了一个理论，即我们总会做梦，但大多数的梦我们会忘记。如果我们认可这个理论，那么就应该以另外一种视角看待"有些人从不做梦"这一事实：实际上他们会做梦，但他们总是忘记自己的梦。我不同意这一理论，而更相信既有从来不做梦的人，也有做梦了但有时会忘记的人。我们很难根据上述这个例子推翻这个理论，但要对它加以证明，也许只能依靠该理论的提出者了。

为什么我们会重复做相同的梦呢？这是一个奇怪的现象，对此至今还没有明确的解释。然而，从这些重复的梦中，我

们可以更加清楚地看出个体的生活风格。重复的梦能够明确
无误地告诉做梦者优越目标是什么。

> 为什么我们会重复做相同的梦呢？对此至
> 今还没有明确的解释。从这些重复的梦中，我
> 们可以更加清楚地看出个体的生活风格。

　　对于那些漫长的、延展的梦，我们不认为这是因为做梦
者还没有做好为目标而努力的准备，所以他在寻找连接现实
问题与所追求目标之间的桥梁。因此，最容易理解的梦是那
些比较短的梦。这些梦里也许只有一幅画、几个字，却能揭
示做梦者正在试图找到一种捷径以欺骗自己。

睡眠、清醒和催眠术

　　我们以睡眠问题结束这个讨论。对于睡眠，很多人会提
出一些毫无意义的问题，他们认为睡眠就是清醒的相反状态，
是"死亡的兄弟"。这些观点是错误的。睡眠不是清醒的相
反状态，而是某种程度的清醒。在睡眠中，我们没有脱离现
实生活，相反，我们仍然在思考、在倾听。我们在清醒时的
那些特征同样会表现在睡眠中。因此，母亲很难被街道上的
噪声吵醒，但是孩子发出的一丁点声音就会让她立即醒来。

由此可见，她们的关注点和清醒时是一样的。另外，我们睡着时并不会从床上掉下来，这说明即使在睡眠中，我们也能够意识到边界。

> 睡眠不是清醒的相反状态，而是某种程度的清醒。在睡眠中，我们没有脱离现实生活，相反，我们仍然在思考、在倾听。

个体在白天和晚上的表现共同构成了其完整的人格，这就解释了催眠术的原理。那些看起来如魔术般神奇的催眠其实只不过是另一种睡眠。在这种睡眠中，个体愿意服从另一个人，也知道这个人想让他睡着。有一个简单的例子与催眠类似，那就是父母跟孩子说："今天就到这儿吧，现在睡觉吧！"孩子就会立刻乖乖睡着。催眠之所以能够有效是因为被催眠的人愿意服从。服从的意愿越高，越容易被催眠。

> 通过催眠，我们可以找到某些问题的解决办法，这些解决办法可能就藏在那些被遗忘的早期回忆中。

在催眠中，我们有机会让个体产生他在清醒时会抑制自己产生的画面、想法和记忆。催眠术的唯一要求就是服从。通过催眠，我们可以找到某些问题的解决办法，这些解决办法可能就藏在那些被遗忘的早期回忆中。

然而，将催眠作为一种治疗方法具有危险性。我不喜欢催眠，只有在患者不相信其他任何方法时才使用。我们会发现被催眠的人有很强的报复心。一开始，他们确实克服了难题，但他们并没有改变自己的生活风格。催眠就像吃药或手术，它不能改变患者的本性。要想真正帮助患者，我们要做的是给他勇气和自信，帮助他更好地理解自己的问题。催眠术做不到这点，只在极个别情况下才应该被使用。

第 8 章

问题儿童及教育

所有问题儿童具有某些共同的特征。通常来说，他们都很懦弱。

我们应该如何教育孩子？这可能是当前社会最关注的一个问题。在这个问题上，个体心理学可以发挥重要作用。无论是家庭教育还是学校教育，都是为了培养和指引个体的人格发展。心理学是正确的教育方法的必要基础，也可以说，教育是心理学的一个分支，是一门关乎个体心理发展的艺术。

学校和社会理想

　　关于教育，我们先做一个简单的介绍，教育最根本的一个原则是它必须与个体今后要面对的生活一致。这就意味着教育必须与社会理想相一致。如果我们在教育孩子的过程中不着眼于社会理想，那么这些孩子在今后的生活中就很可能遇到困难，他们不能很好地成为社会的一员。

> 　　教育必须与社会理想相一致。如果我们在教育孩子的过程中不着眼于社会理想，那么这

> 些孩子在今后的生活中就很可能遇到困难，他
> 们不能很好地成为社会的一员。

当然，社会理想可能会发生变化，这种变化可能很突然，如一次革命之后的变化；也可能是渐进式的，与社会的发展是同步的。无论怎样，这都意味着教育者要心怀远大的理想，这样的理想永远都有存在的价值，它能够教个体学会恰当地调整自己以适应环境的变化。

追溯历史，不同时期的学校反映了不同的社会理想。在欧洲，学校最初是为贵族家庭设立的，它们传承的是贵族精神，只有贵族子女才可以接受教育。后来，学校被教会接管，变成了宗教学校，只有牧师可以做教师。再后来，人们对知识的需求不断增长，学校开设了更多的学科，需要的老师多于教会可以提供的数量。这样，牧师和传教士之外的其他人开始从事教育工作。

过去很长一段时间内，教师都不是专职的。除了教学，他们还从事各种职业，如做鞋、裁缝等。显然，他们只知道棍棒教育。儿童的心理问题在这样的学校是根本无法解决的。

欧洲的现代教育起源于裴斯泰洛奇时代（1746—1827）。裴斯泰洛奇是第一位发现除教鞭和惩罚外的其他教学法的教师。

裴斯泰洛奇对我们来说很重要，因为他让我们明白了教育方法的重要性。只要教学方法正确，每一个智力正常的孩子都能学会阅读、写作、唱歌、算术。我们不能说自己已经发现了最好的教育方法，但随着时代的发展，教育方法也一直在发展，我们一直在尝试更新、更好的方法，这就对了。

回到欧洲学校的发展历史，值得指出的是，在教学方法发展到一定程度时，社会对基本能够独立阅读、写作和计算的工人的需求大增。当时社会上出现了这样的口号："人人都要上学。"现在，每个孩子都要接受义务教育。这种发展与社会经济水平和社会理想密不可分。

在欧洲，以前只有贵族具有影响力，当时社会只需要官员和工人。只有上层社会的人才会去接受高等教育，其他人则根本不上学。这种教育体制反映了当时的社会理想。如今，教育体系适应另一套完全不同的社会理想。在如今的学校里，孩子们再也不用安静地坐着，手放在膝盖上，一动也不许动；孩子们是老师的朋友，他们不再被迫服从权威，而被鼓励发展独立性。这是很自然的，因为学校是随着社会理想的发展而发展的，而社会理想清晰地反映在政府的各项法规中。

家庭的影响

教育体系与国家和社会理想是有机联系在一起的。我们已经知道，这种联系取决于它们的起源和组织形式。但是，从心理学的角度来说，这种联系给了教育机构一个非常大的优势。心理学认为，教育的首要目的是培养学生适应社会的能力。如今，学校比家庭更容易将主流的社会价值观引入孩子心里，因为学校更符合社会需求，更加独立于孩子的好恶。学校不会溺爱孩子，而且总的来说持有更加客观和超脱的态度。

　　而家庭中并不总是渗透有社会理想，传统观念仍占主导地位。只有父母们自己能够很好地适应社会，并且明白教育的目标是培养孩子适应社会，对孩子的教育才会有用。无论什么时候，只要父母懂得了这些，孩子就会受到正确的家庭教育，并为上学做好准备，而在学校里受到的教育会使他们为走入社会做好准备。这就是孩子在家里和学校里的理想成长方式，而学校是引导孩子从家庭走向社会的桥梁。

> 只有父母们自己能够很好地适应社会，并且明白教育的目标是培养孩子适应社会，对孩子的教育才会有用。只要父母懂得了这些，孩子就会受到正确的家庭教育，并为上学做好准备。

　　从前面的讨论中我们已经知道，个体在家庭中的生活风格形成于四五岁时，而一旦形成就很难被直接改变。这为现代教育的发展指明了方向。教育不应该是批评和惩罚，而应该尽力塑造、培养和发展儿童的社会兴趣；教育不应该去压抑和审查，而应该努力理解和解决儿童的性格问题。

　　在家里，儿童是与父母紧密联系在一起的，但要让父母为了社会的需要去教育孩子，往往是非常困难的。父母更愿意根据自己的需要去教育孩子，这就导致孩子很可能无法适应今后的生活，他们注定会遇到巨大的困难。实际上，在一进入学校时，这样的孩子就会面临困难，只是这些困难将在他们进入社会后变得更加棘手。

　　为了改善这种情况，对父母们的教育当然就非常必要了。通常来说，这并不容易，因为我们无法轻易接触到家长。即使我们接触到了家长，也可能发现他们对社会理想并不感兴趣。他们恪守传统，根本不愿去理解社会理想。

　　既然对父母们不能做太多，我们只能满足于在各个地方传播这些观念。最好的传播地点是学校。首先，学校聚集了大量的学生；其次，孩子在生活风格方面存在的问题更容易在学校里表现出来；最后，学校的老师一般可以理解孩子的问题。

　　我们不担心正常的孩子，也不会干预他们。对于那些个性全面发展并且能够适应社会的孩子来说，最好不要压制他们。我们应该让他们按照自己的方式发展，也应该相信他们会在生活的有益面找到人生目标并实现自己的优越感。因为他们的优越感来源于生活的有益面，所以不是优越情结。

然而，对于问题儿童、神经症患者以及罪犯来说，他们的优越感和自卑感都源于生活的无益面。这些人表现出一种优越情结，以弥补他们的自卑情结。我们已经知道，每个人都有自卑感，但是当这种自卑感让个体感到非常沮丧而转向生活的无益面时，它就变成了自卑情结。

> 所有自卑感和优越感导致的问题都根源于孩子上学前的家庭生活。

所有自卑感和优越感导致的问题都根源于孩子上学前的家庭生活。在这段时间，儿童形成了自己的生活风格，我们称之为原型，以区别于成人的生活风格。原型就像未成熟的果实，如果果实出现了问题，如生了虫子，那么随着果实越长越熟，虫子也会越长越大。

问题儿童

我们已经知道，原型中的"虫子"或问题起源于器官缺陷，这种缺陷是个体自卑感的根源。这里我们必须再次提醒读者：导致问题产生的原因并不是器官缺陷本身，而是器官缺陷引发的适应社会不良。这就为教育提供了机会。训练个体调整自己以适应社会，那么器官缺陷就远远不是累赘了，可能会成为一种财富。我们已经知道，器官缺陷会引起个体对某个方面的强烈兴趣，加以训练的话，该兴趣可能会影响他的一生。如果这个兴趣朝着有意义的方向发展，那么它对个体就非常有意义。

> 器官缺陷会引起个体对某个方面的强烈兴趣，加以训练的话，该兴趣可能会影响他的一生。

但这取决于个体的器官缺陷如何与社会需求相契合。因此，如果一个孩子只使用视觉或只使用听觉，那么教师就应该培养他对使用其他感官的兴趣。否则，他就会落后于其他孩子。

我们都很熟悉那个笨手笨脚的左撇子孩子的例子。通常，没有人会意识到他其实是左撇子，因此没有注意到这个孩子的问题。使用左手使他显得与家人格格不入。我们发现，这样的孩子要么变得争强好胜，这是好的结果；要么变得抑郁、易怒。这样的孩子进入学校后，我们会发现他要么非常强势，要么垂头丧气、暴躁易怒，或者缺乏勇气。

除了具有生理缺陷的孩子，很多被溺爱的孩子到了学校之后也会出现各种问题。学校特有的组织方式决定了不可能某个孩子一直是大家关注的焦点。当然，偶尔会有某位特别善良、特别心软的老师格外喜欢某个这样的孩子。但这个孩子升入高年级后，他就不再处于这种有利的地位了。开始社会生活后，他就更不可能得到大家的关注了，因为不做任何贡献却被大家关注是不被认可的。

所有问题儿童具有某些共同的特征。他们不能很好地面对生活的问题；他们野心勃勃，企图为了个人利益而控制他人。此外，他们总是争强好胜，与人为敌。通常来说，他们都很懦弱，因为他们对解决生活中的问题没有兴趣。被溺爱的孩子没有准备好应对生活的问题。

我们发现这些孩子还非常小心谨慎，总是犹豫不决。他们推迟解决生活中遇到的问题，或者干脆不去解决，分心到其他无意义的事情上，因此总是一事无成。

这些性格特征在学校里比在家里表现得更明显。学校环境就像一个实验或者酸性测验，因为在那里，孩子是否能够适应社会以及是否能够解决问题变得显而易见。错误的生活风格在家里通常不会被发现，但在学校就显现出来了。

被溺爱的孩子和有生理缺陷的孩子具有强烈的自卑感，这种自卑感剥夺了他们解决问题的能力，因此他们总是试图排除生活中的问题。然而，在学校里我们可以控制问题的难易程度，逐步帮助孩子学会解决问题。这样，学校才真的是教书育人的地方，而不仅仅是给学生发布指令的地方。

> 被溺爱的孩子和有生理缺陷的孩子具有强烈的自卑感，这种自卑感剥夺了他们解决问题的能力，因此他们总是试图排除生活中的问题。

除了这两种类型的孩子，我们还需要关注那些遭人讨厌的孩子。这类儿童通常长得不好看、总是出错或者身有残疾，他们完全没有为社会生活做好准备。一旦入学，这种类型的孩子或许会比前两种类型的孩子遇到的困难更大。

不管老师和学校领导是否喜欢，了解这些问题并掌握解决这些问题的最好方法必须成为学校管理的一部分。

除了这些典型的问题儿童，我们还须注意那些非常聪明的、被称为天才的儿童。由于这类孩子在很多方面都表现优异，因而在同学中显得格外突出。他们非常敏感、野心勃勃，不是很受同学们喜欢。孩子似乎很快可以感受到他们中的一员是否能够适应社会。因此，天才儿童们虽然被人崇拜，但不招人喜欢。

可以想象，很多天才儿童能够顺利地从学校毕业。但是，步入社会的他们没有为社会生活做好充分的准备。面对生活的三大问题（即社交、工作、恋爱和婚姻问题）时，他们会遇到很多困难。这时，在他们原型时期发生的事情就变得显而易见了，其实那时的他们并没有很好地适应家庭生活，所以才导致了现在的结果。那时，在家里他们总是处于有利的地位，因而没有引发生活风格方面的错误。但新情境出现的那一刻，这些错误就显现出来了。

> 很多天才儿童能够顺利地从学校毕业。但是，步入社会的他们没有为社会生活做好充分的准备。面对生活的三大问题（即社交、工作、恋爱和婚姻问题）时，他们会遇到很多困难。

有趣的是，诗人早已明白了这些事情之间的关系。许多诗人和戏剧家在他们的戏剧和文学作品中描述过类似人物的复杂生活故事。我们以莎士比亚作品中的人物诺森伯兰为例。莎士比亚是心理学大师，他将诺森伯兰刻画为一个忠诚于国王的人物，但当真正的危险出现时，他就背叛了国王。莎士比亚明白：个体真正的生活风格在困难的处境下就会暴露无遗，但并不是这些困难导致了个体的生活风格，因为它在很早以前就形成了。

治疗

针对天才儿童，个体心理学提供的应对方法与治疗其他类型的问题儿童的方法是一样的。个体心理学认为："每个人都可以有所成就。"这一民主性质的格言抹去了天才的锐气。天才们背负了太多的期望，在众人的推动下前行，导致他们过于关注自我。相信这一格言的父母会培养出非常聪明的孩子，而且这些孩子不会变成自负或者野心过高的人。他们明白自己所取得的成就是刻苦训练和好运气的结果。如果继续坚持有益的培训，他们就可以做成别人能够做成的任何事情。但是，对于那些没有受到良好的影响、没有得到很好的训练和教育的孩子来说，如果老师能帮助他们明白这个道理，他们也会取得良好成就。

后一种情况中的孩子可能会失去勇气。因此，他们必须得到保护，以抵抗非常强烈的自卑感，毕竟没有哪个人可以长期忍受自卑感。这些孩子之前遇到的困难远没有他们进入学校后遇到的困难多。因此，我们可以想象，他们会承受不了这么多的困难，想要逃学或者干脆辍学。他们认为自己在学校里没有希望了。如果这种想法是正确的，那么我们应该承认他们的选择是务实、理性的。但是，个体心理学不认为他们在学校里没有希望了。个体心理学相信每个人都可以有所成就。错误总会出现，但是它们可以被纠正，这些孩子可以在正确的道路上继续走下去。

然而在通常情况下，这些孩子的情况没有得到恰当的处理。当孩子被学校里遇到的困难压得喘不过气来的时候，孩子的母亲就表现得格外关注和焦虑万分。我们从学校那里了解到，孩子在学校受到的批评和指责会因为家长的反响而产生更坏的影响。通常，孩子在家里的时候备受宠爱，所以一直都是好孩子，但是当他离开家庭进入学校的那刻起，他心中隐藏的自卑情结就表现了出来，他变成了坏孩子。这时，孩子开始怨恨宠爱他的母亲，因为他觉得母亲欺骗了他。他的母亲看起来和以前不一样了。在他为新处境焦虑时，他忘记了母亲曾经为他做的一切以及对他的宠爱。

我们也经常发现，那些在家里争强好胜的孩子到了学校却变得安静、冷静甚至有些被压制。有时候，孩子的母亲会对老师说："这孩子整天使我因为他而忙得不可开交，他总是争吵、好斗。"而老师会说："他在学校里非常安静，坐在那里一动不动。"有时，情况则正好相反。母亲会说："我的孩子在家里很安静、很乖。"而老师说："他扰乱了全班同学。"
我们很容易理解后一种情况，孩子在家里时，他是大家关注
的焦点，因此表现得安静又谦逊；但在学校里，他不再是大
家关注的焦点，所以他才惹是生非。

> 那些在家里争强好胜的孩子到了学校却变
> 得安静、冷静甚至有些被压制。

　　例如，有个 8 岁的女孩子，她非常受同学的喜爱，而且
是班长。但她的父亲对医生说："我的孩子简直就是个虐待
狂，我们对她已经忍无可忍了。"为什么会这样呢？她出生于
一个脆弱的家庭，是家中的第一个孩子。事实上，也只有脆
弱的家庭才能被一个孩子折磨成这样。次子出生后，这个女
孩觉得自己的地位动摇了，但仍然想像以前一样，是大家关
注的焦点，所以她开始反抗。在学校里，她很受重视，没有
任何理由去争斗，自然表现得很好。

　　有些孩子无论在家里还是在学校都有问题。父母和老师
都抱怨，结果孩子犯的错误越来越多。还有些孩子无论在家
里还是在学校都不爱整洁。如果孩子在家里和学校里存在一
样的问题，那么我们就要从他们过去的经历中找原因。无论
如何，我们必须同时了解孩子在家和在学校的表现，这样才

能诊断出孩子的问题。要想正确地了解孩子的生活风格及其发展方向，他生活的每一部分对我们来说都很重要。

> 很多时候，孩子回到家里不向父母说起自己在学校的遭遇，因为他为此感到羞耻。他默默地忍受着这种折磨和苦痛。

有时候，一个在家里非常适应的孩子在进入学校后，面对学校的新环境会显得不知所措。这通常是因为学校里的老师和同学都对他抱有敌对的态度。以一个欧洲小孩为例，他不是贵族子弟，但进入了一所贵族学校。他之所以被送到那里，是因为其父母非常有钱而且自以为是。但是，因为这个孩子并非来自贵族家庭，所以那所贵族学校里的同学们都排斥他。这个曾经备受宠爱或者至少过着舒服日子的孩子忽然发现自己处在一个充满敌意的环境中。有时候，同学们对他的残酷程度甚至令人震惊，远远超过了一个孩子的承受能力。很多时候，孩子回到家里不向父母说起自己在学校的遭遇，因为他为此感到羞耻。他默默地忍受着这种折磨和苦痛。

通常，这类孩子到 16 ～ 18 岁，必须像成人一样融入社会并且解决生活中的各种问题时，他们却因为早已失去了生活的勇气和希望而突然停止不前。伴随社交问题而出现的是他们在恋爱和婚姻方面的问题，因为他们的生活已经无法继续下去。

对于这样的孩子，我们应该怎么做呢？他们的能量无处发泄，他们要么真的被人孤立，要么感觉被人孤立。这类人想要通过伤害自己进而伤害到他人，他们可能会自杀。有些人则希望让自己消失，所以进了精神病医院，连之前仅有的一点儿社交能力也退化了。他们不以正常的方式讲话，也不怎么不接触人，总是对全世界都怀有敌意。我们把这种状态称为精神分裂症或精神失常。要想帮助这类人，我们必须想办法让他们重拾生活的勇气。这类病例非常棘手，但仍可以被治愈。

诊断：出生顺序

因为对孩子教育问题的治疗方法主要取决于对他们的生活风格的诊断结果，所以在这里有必要回顾一下个体心理学提出的诊断生活风格的方法。弄清楚个体的生活风格除了有助于解决教育问题，还可以解决其他方面的问题，但在教育实践中的作用显得尤为重要。

除了直接研究儿童在原型成形阶段的经历以外，个体心理学还提出了一些其他方法，如询问与未来职业有关的早期回忆和幻想，观察孩子的身体姿势和肢体动作，以及由孩子在家庭中的出生顺序做出一些推断。虽然之前已经讨论了所有这些方法，但我们还是要再次强调出生顺序的重要性，因为与其他方法相比，它与个体日后的教育发展有着更为密切的关系。

我们知道，长子一度是家里唯一的孩子，备受关注，但他后来丧失了这种地位。曾经很长一段时间内，他享受了很大的权力，但是之后失去了。而家里其他孩子的心理状态是相对稳定的，因为不是长子，他们不曾拥有也不会失去什么。

长子通常持有一种保守的观点，他们感觉拥有权力的人就应该一直保有权力。他们失去自己的权力纯属意外，他们对权力无比憧憬。

> 长子通常持有一种保守的观点，他们感觉拥有权力的人就应该一直保有权力。他们对权力无比憧憬。

次子的处境完全不同，他们不是家庭关注的焦点，但有长子作为他们的榜样始终伴随在他们身边，他们总想赶上这个榜样。虽然他们从不知道拥有权力是一种什么样的感觉，但他们希望权力易主，转移到他们的手中。他们感觉自己像在比赛中往前冲刺一样，他们的所有行为都是为了追上前方的某个目标。他们总是试图改变科学和自然法则，具有很强的革命精神，但这种革命精神不是在政治方面，而是在社会生活和对同伴的态度方面。《圣经》中的雅各和以扫就是一个很好的例子。

如果家中最年幼的孩子出生时，其他的孩子都已经长大，那么这个最年幼的孩子的处境就和长子的处境非常类似。

> 长子的地位会被次子取代，次子的地位可能会被第三个孩子取代，但这种情况永远不会发生在最年幼的孩子身上。因此，最年幼的孩子的处境是最好的。在同等条件下，最年幼的孩子发展得最好。

从心理学角度来看，最年幼的孩子在家中的地位是非常有趣的。"最年幼"意味着永远都是最后一个，再也不会有弟弟妹妹。这样的孩子处于一种优势地位，因为他永远不会失去自己的地位。长子的地位会被次子取代，次子的地位可能会被第三个孩子取代，但这种情况永远不会发生在最年幼的孩子身上。因此，最年幼的孩子的处境是最好的。在同等条件下，最年幼的孩子发展得最好。他像次子一样，劲头十足，总想超过他人，他的身边也总是有一个榜样。但通常，他会选择一条与其他家里成员完全不同的人生道路。如果家人是科学家，那么他很可能会成为音乐家或者商人；如果家人是商人，那么他可能会成为诗人。他一定要与众不同。他之所以会选择不同于其他家庭成员的人生道路，是因为他知道在不同领域竞争要比在同一领域内竞争容易得多。显然，这说明他缺乏勇气。如果一个孩子非常勇敢，那么他一定会在同一领域内与别人竞争。

值得指出的是，我们根据出生顺序做出的预测只是代表了一种倾向，不是必然的。事实上，如果长子非常聪明，那么他可能根本不会被次子超越，因此就不会经历那种不幸。这样的孩子能够很好地适应社会，他的母亲可能会把他的兴趣推广到其他孩子身上，包括新生儿。但是，如果长子不能被超越，那么次子的处境就更加艰难了，他可能会成为一个问题儿童。他会因为失去了勇气和希望而沦落到最糟糕的境地。我们知道，在比赛中孩子总得有赢的希望，一旦这种希望破灭了，他就失去了一切。

独生子也有他的不幸，因为整个童年期他都是家庭关注的焦点，所以他的生活目标就是永远是大家关注的焦点。他不是基于逻辑做出推理，而是基于他个人的生活风格做出推理。

> 独生子也有他的不幸，因为整个童年期他都是家庭关注的焦点，所以他的生活目标就是永远是大家关注的焦点。他不是基于逻辑做出推理，而是基于他个人的生活风格做出推理。

当一个家庭中只有一个男孩而其他孩子都是女孩时，这个唯一的男孩的处境也会比较艰难，他也会面临很多问题。人们通常认为，在这样的环境中长大的男孩的举止像女孩，但这种说法过于夸张。毕竟，我们都是被女性养育成人的。然而，在一个以女性为主体的家庭中长大的男孩确实会遇到一些困难。一走进某间房子，人们立即就可以判断出这个家里男孩更多还是女孩更多。这两种情况下，家里摆放的家具、安静程度以及物品的摆放顺序都是不同的。男孩更多的家里，被破坏的东西更多；而女孩更多的家里，一切都更加干净。

在这样的家庭环境中长大的男孩，可能会努力让自己显得更有男子气概，并夸大自己性格中的这些特征，也可能确实变得和家里姐妹一样女孩子气十足。总之，我们会发现这样的男孩要么非常温柔，要么非常粗野，而后者其实就是在努力证明并强调自己的男性身份。

同样，当一个家庭中只有一个女孩而其他孩子都是男孩时，这个唯一的女孩也会面临诸多问题。她可能非常文静，极具女性特征，也有可能想做男孩子做的所有事情，像男孩子那样发展自己。这样的女孩有非常明显的自卑感，因为她处在一个男性主导的环境中，男性占据着优越的地位，而她是这个环境中唯一一个女孩。"我只是个女孩"的这种感觉就表达了她的自卑情结。她会模仿男孩子的穿着打扮，而在成年生活中，她想拥有男性的那种性关系，由此产生一种补偿性的优越情结。

> 当一个家庭中只有一个女孩而其他孩子都是男孩时，这个唯一的女孩也会面临诸多问题。她可能非常文静，极具女性特征，也有可能想做男孩子做的所有事情，像男孩子那样发展自己。

我们以一个特殊的例子结束对出生顺序的讨论。这个例子是这样的：家里的长子是男孩，而次子是女孩，他们之间始终存在着非常激烈的竞争。对于女孩来说，因为她是次子，而且是一个女孩，所以她不得不努力前进。她接受了更多的训练，最终成为非常优秀的一类人。她劲头十足，独立性强。男孩能够感受到在竞争中，女孩离他越来越近。我们都知道，无论是在生理方面还是在心理方面，女孩都比同年龄段的男

孩发展得更快，例如 12 岁的女孩要比 12 岁的男孩更加成
熟。男孩也意识到了这点，但不知道为什么。他因此感到自
卑，渴望放弃与女孩的竞争。他不再努力进步，而是开始想
办法逃避。有时，他从事艺术以获得逃离，有时，他则变成
了神经症患者、罪犯或精神失常者。他觉得自身不够有能力
继续这种竞争。

　　对于这类情况，即使相信"每个人都可以有所成就"，也
很难有解决办法。我们主要可以做的是让男孩子明白，他的
妹妹之所以更加优秀，是因为她尝试得更多，在不断尝试的
过程中找到了进步的窍门。我们也可以尽可能引导兄妹两人
朝不同方向发展，以减弱他们之间的竞争。

第 9 章

错误的生活风格：一个案例

孩子只想到处惹事，搞得大家围着他团团转。这些行为与他的生活目标和原型是一致的。他的目标就是凌驾于他人之上并控制他人，占据父母所有的注意力。

个体心理学的目标是帮助个体适应社会。这看起来似乎自相矛盾，不过这只是字面上的矛盾。事实上，只有了解了个体具体的心理状况，我们才能意识到社会因素对个体发展有多么重要。只有在社会这个大背景下，个体才能成为个体。其他心理学流派认为个体心理学和社会心理学是完全不同的范畴，但在我们的个体心理学中，这两个概念没有本质区别。迄今为止，我们的讨论都是在试图分析个体的生活风格，但这种分析带有一种社会视角，而且也是为了应用到社会生活中。

　　我们接下来的分析会更多强调社会适应方面的问题。我们要使用的案例是之前讨论过的案例，但我们将不再着眼于诊断生活风格，而是关注个体的生活风格在其行为活动中的体现，以及如何通过有效的方法促进正确的行为活动。

　　上一章我们已经分析了孩子的教育问题，我们要在此基础上进一步分析孩子的社会适应问题。学校幼儿园是真实社会的缩影，因此我们可以在这些简单的社会形态中研究个体的社会适应不良问题。

童年早期

以一个 5 岁男孩的行为问题为例，他的母亲向医生抱怨自己的孩子非常好动，异常活跃，到处给她惹麻烦。她一天到晚都为儿子忙活，以至于她每天晚上都筋疲力尽。她说她无法继续忍受她的孩子了，如果可以，她真想把这个孩子从家里赶出去。

从母亲描述的这个孩子的行为细节中，我们很容易理解这个男孩，并且能够设身处地理解他的情况。如果听说一个 5 岁的孩子异常活跃，我们很容易想象他会有什么样的行为。在这个年龄，一个异常活跃的孩子会做什么呢？他会穿着笨重的鞋子爬上桌子，会乐此不疲地玩弄垃圾。如果母亲想要阅读，他会不停地拨弄电灯开关。或者，当父母想要一起弹琴或唱歌时，他会大声叫喊，或者捂着耳朵，嚷嚷自己不喜欢这种噪声。如果得不到自己想要的东西，他就会发脾气——而他总是想要得到些什么。

如果我们在幼儿园里发现这样的孩子，那么就可以确定，他想打架，他做的任何事情都是为了挑起争斗。他一天到晚惹是生非，搞得父母疲惫不堪。而这个男孩从来不觉得累，因为不像父母，他不用勉强自己做不愿意做的事情。他只想到处惹事，搞得大家围着他团团转。

　　有一个例子能够很好地说明这个男孩是如何努力博取大家对他的关注的。有一天，他被带去参加一个有他父母表演曲目的音乐会。在父母唱歌唱到一半时，他突然大叫："父亲！"并在音乐厅里四处走动。这种情况其实是意料之中的，但是他的父母不理解他为什么这样做。虽然孩子的行为有些异常，但他的父母觉得他是个正常的孩子。

　　然而，男孩在音乐厅里的表现确实是正常的。他有一个明智的生活计划，他做的事情也完全符合他的计划。如果我们知道这个男孩的计划，就能猜测出他会有怎样的行为。因此，我们可以断定他的智力正常，因为智力不正常的孩子不会有如此明智的生活计划。

　　每当他的母亲在家接待亲友或举办宴会时，他总是把客人从椅子上推开，或者去抢那些客人正想坐上去的椅子。他的这些行为与他的生活目标和原型是一致的。他的目标就是凌驾于他人之上并控制他人，他要始终占据父母所有的注意力。

　　可以断定，他是一个曾经备受宠爱的孩子。如果继续受宠，他就不会闹事。也就是说，他是一个失宠的孩子。那么，他为什么会失宠呢？其中一个原因是他有了个弟弟。5 岁时，他发现自己的处境变了，曾经拥有的有利地位被剥夺了，他想努力保留自己的中心地位。所以，他就总是缠着父母，让他们围着他转。另一个原因是他没有为应对新的环境做好准备。作为一个被溺爱的孩子，他从来没有培养起任何集体感。因此，他不能适应社会。他只关心自己，只在意自己的利益得失。

当母亲被问到"这个孩子对弟弟怎么样"时，母亲很坚定地说"他喜欢弟弟"。但是，每次和弟弟玩的时候，他总会推倒弟弟。由此，我们完全可以认为这个男孩根本不喜欢他的弟弟。

> 母亲很坚定地说"他喜欢弟弟"。但是，每次和弟弟玩的时候，他总会推倒弟弟。由此，我们完全可以认为这个男孩根本不喜欢他的弟弟。

为了充分理解行为背后的意义，我们应该把他与常见的那些虽然好斗但不是一刻不停地惹事的孩子进行比较。那些小孩非常聪明，他们知道经常打架的话，父母肯定会制止他们。所以，这样的小孩会时不时地停止闹事，而表现出好的行为，但不良的行为偶尔还会出现，正如这个案例中，男孩与弟弟玩耍时，会把弟弟推到。事实上，这才是他与弟弟玩的目的。

　　这个男孩对母亲的态度是怎样的呢？如果母亲打他的屁股，他就一边笑一边说"一点儿都不疼"；如果母亲打得更重一些，他就会安静一会儿，但过不了多久，他就又开始闹了。可以看出，这个男孩的所有行为都是他的目标引起的，他做的所有事情也都指向自己的目标，这种规律非常明显，使我们可以预测出他的行为。如果他的原型不是一个统一体，或者我们不知道他的生活目标，那么我们就无法预测他的行为了。

学校的问题

　　我们想象这个男孩要开始自己的生活了。他开始上幼儿园了，我们可以预测他在那里会有怎样的表现。我们可以预测，如果把他带到音乐会，他会做什么，我们的预测同实际出现的情况一样。通常来说，在一个较容易的环境中，他会获得掌控权，而在更加困难的环境中，他会奋力争取掌控权。如果他的老师比较严厉，那么他在幼儿园待的时间不会太长。在这种情况下，男孩可能会试图逃避。他总是处于一种紧张的状态中，而这种紧张又导致头痛和失眠等。这些是神经症的征兆。

　　而如果环境比较轻松和愉悦，他会觉得自己是众人关注的焦点。这种情况下，他甚至会成为学校里的学生领袖，成为彻底的胜利者。

> 我们认为，幼儿园是一个社会机构，那里存在着各种各样的社会问题。

我们认为，幼儿园是一个社会机构，那里存在着各种各样的社会问题。个体要为面对这些社会问题做好准备，因为他必须遵守社区法则。儿童要成为对社区有用的人，而要成为这样的人，他要做到关心他人胜过关心自己。

升入小学之后，同样的情形还会出现，可以想象这类儿童会遇到什么问题。在私立学校里，他们的处境会相对容易一些，因为私立学校的学生更少，每个孩子得到的关注就更多。在这样的环境里，也许甚至都没有人会注意到他是一个问题儿童。老师甚至会说："这是我们最聪明的学生，最好的孩子。"如果他是班长，而且满足于只在某一方面占有优势，那么他在家里的行为可能会有所改善。

> 如果孩子的行为问题在上学以后有了明显改善，那么我们就会理所当然地认为这是因为他在班里的地位不错，他在那里获得了优越感。但事实往往相反，那些在家里可爱乖巧的孩子到了学校之后经常扰乱班级秩序。

如果孩子的行为问题在上学以后有了明显改善，那么我们就会理所当然地认为这是因为他在班里的地位不错，他在那里获得了优越感。但事实往往相反，那些在家里可爱乖巧的孩子到了学校之后经常扰乱班级秩序。

在上一章中，我们说过学校是家庭和社会之间的桥梁。按照这种说法，我们就能理解这个孩子在进入社会以后会遇到什么问题。社会生活不像学校生活那么舒服。人们常常无法理解，为什么在家里和在学校都非常优秀的孩子进入社会以后却一无所成。我们认识一些问题成人，他们患有神经症，并且可能会恶化为精神失常。大家都不明白为什么会变成这样，这是因为在成年之前，这些患者的生活非常舒适，他们原型中存在的问题没能及时显现出来。

为此，我们必须学会理解有利情境下的错误原型，或者虽然它很难被识别出来，也至少要意识到它可能是存在的。当错误原型存在于有利的情境下，人们很难把它识别出来。有一些征兆是错误原型存在的明确表现。一个总想获取他人的关注并且缺乏社会兴趣的孩子往往不爱整洁，他通过弄脏自己来占用别人的时间。他不愿睡觉，会在夜里哭闹或尿床。他会装出一副焦虑不堪的样子，因为他发现焦虑是其迫使他人服从自己的一种武器。这些征兆都出现在有利的情境下，通过观察这些征兆，我们或许可以得出正常的结论。

生活的三大问题

> 生活三大问题，即社交问题、工作问题以及恋爱和婚姻问题，产生于与我们的生存密切相关的各种关系中。

我们现在来看看有着错误原型的男孩到了十七八岁时会遇到什么问题。此时，他已接近成人，我们很难对他的过去做出评估，因此很难发现他的人生目标和生活风格。但是当他开始面对社会生活的时候，一定会遇到我们所说的生活三大问题，即社交问题、工作问题以及恋爱和婚姻问题。这三大问题产生于与我们的生存密切相关的各种关系中。社交问题涉及我们如何看待他人，以及如何看待人类和人类的未来。这个问题关乎人类的生死存亡。人类生命短暂，只有团结起来，我们才能生存下去。

关于工作问题，我们可以通过观察孩子在学校的行为，做出基本的判断。可以肯定，如果这个男孩想要找到一份可以让自己高高在上的工作，那么他一定很难找到工作。完全不需要服从或者完全不需要与他人合作的工作几乎不存在。因为这个男孩只考虑自己的利益，所以他很难在下属的位置上做得很好。另外，这类人在商业中不被信赖，因为他永远不会牺牲自己的利益以维护公司的整体利益。

> 　　总的来说，工作方面的成功取决于社会适
> 应能力。

　　总的来说，工作方面的成功取决于社会适应能力。在职场上，能够通过仔细观察、认真聆听和用心感受而发现身边人和顾客的需求是一个非常大的优势。这样的人会不断高升，但我们所讨论的这位男孩做不到这些，因为他总是只关注自己的利益。他只具备一少部分工作发展必备能力，因此常常以失败告终。

　　在大多数情况下，我们会发现这类人从来没有准备好工作，或者很晚才开始工作。他们可能在 30 岁的时候还不知道自己想做什么。他们频繁地地更换所要学习的课程，频繁地换工作。这就表明他们完全不能适应。

　　有时候，我们会发现一个十七八岁的年轻人虽然非常努力，但不知道自己要做什么。理解他，并在职业选择方面给他一些建议是非常重要的。这样的话，他还是有可能开始对某件事情产生兴趣，并且从头开始进行适当的训练。

　　然而，十七八岁的男孩还不知道自己今后想做什么是非常令人担忧的。这类孩子往往会一事无成。父母和老师应该在孩子们到达这个年龄之前让他们认真思考自己今后的工作问题。在学校，老师可以给学生布置这个主题的作文，如"长大后我想做什么"。为了完成这样的命题作文，学生一定会面对并思考这个问题，否则在真的面临该问题的那一刻再去思考就为时已晚了。

　　年轻人要面临的最后一个问题是恋爱和婚姻问题。既然人分两种性别，那么婚恋问题自然就非常重要了。如果人类只有一种性别，那么问题就会截然不同。事实是，我们必须学会与异性相处。在后面一个章节中，我们会详细讨论恋爱和婚姻问题，这里只是为了说明它与社会适应之间的关系。个体缺乏社会兴趣不仅会导致他在社交和工作方面会遇到问题，也会导致他不能恰当地与异性相处。

> 个体缺乏社会兴趣不仅会导致他在社交和工作方面会遇到问题，也会导致他不能恰当地与异性相处。

> 一个完全以自我为中心的人根本没有准备好应对婚姻，更不用说组建家庭了。

一个完全以自我为中心的人根本没有准备好应对婚姻，更不用说组建家庭了。事实上，性本能的主要目的是把个体从他自己的狭小世界中拉出来，进而为社会生活做好准备。但是，从心理学的角度来看，我们必须在恋爱和婚姻前就面对性本能问题。除非我们准备好忘记自我并将自己融入一个更大的世界中，否则性本能无法实现它的功能。

对于我们讨论的这个男孩，现在我们或许可以得出以下结论。我们知道，他正面临生活的三大问题，他非常绝望并且害怕失败。我们也知道，优越目标使他回避生活的所有问题。那么，他还会做什么呢？他不愿融入社会，对他人怀有敌意，总是疑心重重，而且变得非常孤僻。他对别人毫无兴趣，而且不在乎自己在别人面前的形象，所以常常衣衫褴褛、邋里邋遢，看起来像一个精神病人。我们知道，语言是一种必备的社会工具，但这个男孩不愿使用它，他根本不开口说话，这是精神分裂症的一种特征。

这个男孩给自己加了一道屏障，将所有生活问题都隔离在外，最终导致他进了精神病院。他的优越目标使他选择了与世隔绝的生活，这也改变了他的性驱力，使他不再是一个正常的人。通过妄想的方式，他实现了自己的优越目标。

预防和纠正

我们已多次说过，所有的生活问题归根结底都是社会问题。社会问题存在于幼儿园、学校，以及友谊、政治、经济等方面。显然，我们所有的能力都聚焦于社会，都是为全人类服务的。

我们知道，适应社会不良起源于原型，那么一个重要的问题是：如何尽早矫正这种对社会的不适应。如果家长们不仅知道如何预防原型错误，而且懂得如何通过细微的表现对原型做出诊断并加以纠正，那么这将极大地有助于孩子的成长。但实际上，想在这方面取得很大成果不太可能。很少有家长愿意学习这方面的知识以帮助孩子避免错误。他们对心理学和教育学不感兴趣。他们要么溺爱孩子（如果有人认为他们的孩子不那么完美，他们就会对这些人怀有敌意），要么对孩子漠不关心。因此，我们很难寄希望于家长来预防和纠正孩子的错误。而且，让家长们在短时间之内就能理解这些知识也是不可能的，我们需要花费大量的时间才能让父母明白他们应该做什么。与其这样，不如直接寻求医生或心理学家的帮助。

除了医生和心理学家的个人努力外，学校教育也可以取得很好的成果。原型错误只有在孩子进入学校之后才会显现

出来。一个懂得个体心理学的老师能够在短时间内察觉孩子
的原型错误。他能够看出一个孩子是否合群，是否出尽风头
以博取大家的关注。他还能够看出哪些孩子有勇气，而哪些
孩子缺乏勇气。一个接受过良好训练的老师能够在一周之内
看出孩子的原型错误。

从老师的社会功能来说，他们更有能力纠正孩子的错误。
人类之所以创办学校，是因为家庭无法根据社会的需要教育
孩子。学校是家庭的延伸，孩子的性格很大程度上是在学校
形成的，孩子在那里学会了如何面对生活问题。

> 人类之所以创办学校，是因为家庭无法根
> 据社会的需要教育孩子。学校是家庭的延伸，
> 孩子的性格很大程度上是在学校形成的，孩子
> 在那里学会了如何面对生活问题。

学校和老师都非常有必要学习心理学，这会有助于他们
更好地履行自己的职责。在未来，学校必将更多地基于个体
心理学来办学，毕竟教育的目的就是培养学生的性格。

第 10 章

行为不良和缺乏社会兴趣

　　有些人之所以没有自卑情
结和优越情结，是因为他们的
社会兴趣、勇气和常识使他们
将自卑感和优越感应用在对社
会有意义的方面。

我们已经知道，社会适应不良是个体感到自卑并追求优越所引起的社会性后果。自卑感和追求优越感产生的"自卑情结"和"优越情结"这两个术语本身就揭示了社会适应不良导致的后果。这些情结不存在于遗传物质中，也不存在于血液中，它们只是发生在个体与社会环境相互作用的过程中。为什么不是所有人都有这些情结呢？实际上，每个人都有自卑感，都追求成功和优越，这些构成了个体的心理世界。有些人之所以没有自卑情结和优越情结，是因为他们具有的社会兴趣、勇气和常识使他们将自卑感和优越感应用在对社会有意义的方面。

总论

现在我们要讨论社会兴趣的有用性和无用性。只要个体的自卑感不是过于强烈，他就会努力做一个有价值的人，并且在生活的有益面发展。为了实现这样的目的，孩子会表现出对他人的关注。通常，社会感和社会适应是他们由此得到的良好回报。从某种意义上来说，不管是儿童还是成人，没有哪个人会说："我对其他人不感兴趣。"他可能会这样做，会表现得似乎对谁都不感兴趣，但他无法证明自己真的不在乎。相反，为了掩饰自己无法适应社会，他会声称自己对他人非常感兴趣。这就无形之中证明了社会感的普遍性。

然而，社会适应不良确实会发生。要想理解社会适应不良的原因，我们可以研究一些边缘案例，这些案例中的患者确实有自卑情结，但因为他们处在有利的环境中，所以没有表现出自卑情结来。在这种情况下，自卑情结是被隐藏着的，或至少有被隐藏起来的倾向。因此，当个体没有遇到困难时，他会看起来非常知足。但是，如果观察得更仔细些，我们就会了解他的真实感受。即使他没有通过语言和观点表达自己的真实感受，我们也能从他们的态度中看出他其实是自卑的。夸大的自卑感导致他们产生了一种自卑情结。具有自卑情结的人一方面会因为总是以自我为中心而背负沉重的负担，另一方面又会寻求从这些负担中解脱出来。

有趣的是，有些人会隐藏自己的自卑情结，而有些人则坦承："我正遭受自卑情结的折磨。"坦言者总是为自己的坦诚洋洋自得，他们觉得自己比别人伟大，因为他们承认了别人不敢承认的事情。他们对自己说："我很坦诚，我不会为自己的病因而撒谎。"但在承认自卑情结的同时，他们又会暗示

自己生活中的种种困难，正是这些困难使他们产生了自卑情
结。他们可能会抱怨自己的父母或家庭，遗憾自己没有接受
良好的教育，或者说起自己曾经遭遇的事故、受到的管制等。

> 通常情况下，自卑情结隐藏在优越情结之
> 后，而后者是前者的一种补偿。符合这类情况
> 的人傲慢、无礼、自负、势利。他们更看重外
> 在表现，而不是实际行为。

　　通常情况下，自卑情结隐藏在优越情结之后，而后者是
前者的一种补偿。符合这类情况的人傲慢、无礼、自负、势
利。他们更看重外在表现，而不是实际行为。

　　从这些人早期的奋斗经历中，我们发现他们有过怯场问
题。此后，他们便以此作为自己所有失败的借口。他们会说：
"如果我不怯场，没有我干不成的事情！"这些以"如果"开
头的句子往往隐藏着自卑情结。

　　自卑情结还可能表现为以下特征：狡猾、谨慎、卖弄学
问，逃避生活中的重大问题，选择在一个满是限制和规则的
狭小领域中行动。如果一个人总是靠着柱子，那他很可能具
有自卑情结。这类人不相信自己，而且我们会发现他们的兴
趣异常。他们总是忙于做一些不重要的事情，例如收集报纸

或广告。他们以这样的方式消磨时间，并且总是为自己找借口。他们在无意义的事情上花费了太多精力，长久下去就产生了强迫症。

不管表现出来的是哪类问题，所有问题儿童都隐藏有自卑情结。懒惰实际上是为了逃避生活中的重要任务，是自卑情结的表现。偷窃是利用了安全漏洞或别人的疏忽；撒谎是因为没有勇气说出真相。儿童身上的这些问题的核心都是自卑情结。

神经症是自卑情结进一步发展的结果。患有焦虑症的人无所不能！他可能会想让别人一直陪着自己，如果是这样的话，他就达到了自己的目的。他得到了别人的支持和帮助，占据了别人的时间和精力。在这个例子中，我们能够看出从自卑情结到优越情结的转变。其他人都必须为他服务！在他人为自己服务的过程中，他获得了优越感。类似这样的变化也发生在精神失常的人身上。当自卑情结导致的逃避倾向使他们陷入困境时，他们把自己想象成伟大人物，他们通过这种幻想获得了自己想要的成功。

神经症是自卑情结进一步发展的结果。患有焦虑症的人无所不能！他可能会想让别人一

> 直陪着自己，如果是这样的话，他就达到了自
> 己的目的。

在所有这些情结发生变化的案例中，个体之所以无法适应社会且不能在生活的有益面发展，是因为他缺乏勇气。这种勇气的缺乏导致他偏离了正常的社会发展轨迹。与缺乏勇气相伴产生的是认知问题，这种认知问题使得他们无法理解社会因素对个体发展的重要作用。

案例

罪犯的行为最为清楚地证明了以上这些特征，他们是自卑情结最典型的例子。罪犯们懦弱、愚蠢，作为同一种倾向的两种不同表现，他们的懦弱和愚蠢最终汇合到了一起。

酗酒者也是如此，他们总想逃避问题，怯懦到满足于从生活的无益面获得的解脱感。

这些人的思想意识和知识观与社会常识截然不同，而正确的社会常识才能够帮助我们获得勇气。罪犯总是为自己找借口或指责他人，他们总是抱怨工作的薪酬太低，抱怨社会太残忍，没人支持他们。或者，他们会说自己实在是饥渴难耐，身不由己。在审判中，他们会找各种理由为自己的罪行开脱。

> 　　缺乏勇气使他们选择了一个对社会无意义的人生目标，而这一目标决定了他们的世界观。他们总是为自己辩护，而对生活有意义的目标既不需要语言解释，也不需要为其辩护。

　　在我们看来，这些借口的逻辑实在不堪一击，而事实也确实如此。缺乏勇气使他们选择了一个对社会无意义的人生目标，而这一目标决定了他们的世界观。他们总是为自己辩护，而对生活有意义的目标既不需要语言解释，也不需要为其辩护。

　　我们举几个真实的临床案例来说明社会性的态度和目标是如何变成反社会性的。第一个案例是一个将满14岁的女孩，她在一个诚实的家庭环境中长大。她的父亲非常勤快，只要还能干活，就会去找活做来养家糊口，但他后来生病了。母亲是一个善良而诚实的人，非常关心她的6个孩子。长子是个聪明的女孩，但在12岁时去世了。次子也是个女孩，以前有病，但后来康复了，并且找了一份工作挣钱养家。第三个孩子就是我们要说的这个女孩，我们叫她安妮，她非常健康。因为母亲总是忙于照顾两个生病的孩子和丈夫，所以没怎么顾及她。她还有一个弟弟，很聪明但也有病。因此，安妮觉得自己被夹在两个非常受宠爱的孩子中间。她是一个好孩子，但是她觉得自己不像其他孩子那样招人喜欢。她为自己受到的忽视而感到委屈，内心非常压抑。

　　然而，安妮在学校里表现得很好，她是最好的学生，因为成绩非常优秀，老师推荐她升学，所以她在 13 岁半时就升入了高中。在高中，她发现有一位新老师不喜欢她。也许一开始她的成绩确实不够突出，但得不到老师的赞赏让她的成绩越来越差。以前，她深受老师的赞赏，老师们对她的评价很高，同学们也很喜欢她，那时的她没有任何问题。但即便如此，个体心理学家还是能够觉察出她在朋友关系上存在的问题。她总是批评自己的朋友，还总想控制她们。她想要成为大家关注的焦点，喜欢听大家的奉承，但完全不能忍受他人对自己的批评。

> 　　安妮的目标就是被赏识、被喜欢、被照顾。但到了新学校以后，她发现自己得不到大家的赏识了。她开始逃学了，并且一逃就是好几天。最终老师提议将她开除。

　　安妮的目标就是被赏识、被喜欢、被照顾。她发现只能在学校里实现自己的目标，在家里则不行。但到了新学校以后，她发现自己得不到大家的赏识了。老师责备她，认为她没有做好准备，给她的评语很差。最后，她开始逃学了，并且一逃就是好几天。每当她回到学校时，情况总是变得更糟，最终老师提议将她开除。

学校开除安妮根本没有解决她的问题，这无非证明了学校和老师没有能力解决学生的问题。但是，如果他们自己不能解决，就应该寻求其他人的帮助。也许可以跟安妮的父母谈谈，安排她转学；也许有其他老师能够更好地理解安妮。但她的老师不这么想，在她看来，"如果一个孩子逃学、退步，那么她就必须被开除"。这样的推理只是个人想法，而不是常识，而老师尤其应该具备常识。

接下来的事情可想而知了。这个女孩失去了最后的支柱，觉得自己是个彻彻底底的失败者。学校的开除使得她在家里受到的那一点点赏识也没有了。于是，她离开了学校，离开了家，一连消失了好几天，最后与一名士兵发生了关系。

她的行为其实很容易理解。她的目标就是被他人赏识。在此之前，她在生活的有益面上努力，但后来转向了生活的无益面。那位士兵一开始是欣赏并喜欢她的，但后来安妮给家人的信里写道，她怀孕了，不想活了。

写信给家人这一行为符合安妮的性格。她一刻不停地寻求他人的欣赏，直到再次转向家人。她知道母亲已经绝望，因此不会责备她了，她的家人也会非常高兴她回来。

在治疗这样的案例时，感同身受是极其重要的，即带着同理心去理解她人的处境。这个案例中的女孩想要被别人赏识，而且一直朝这个目标努力。如果我们感同身受地去理解她的处境，我们就会问自己："换作是我，我会做什么？"在思考这个问题时，年龄和性别是需要考虑的因素。对于安妮这样的人，我们应该试着鼓励她，并且鼓励她朝着生活的有益面努力。我们应该不断引导她，直到她自己想："也许我并没有退步，我应该换一所学校；也许我还不够努力；也许我的观察不对；也许我太过于坚持个人的想法，而没有去理解老师。"如果我们能够让他们重新鼓起勇气，他们就可能学着在生活的有益面努力，因为毁掉一个人的通常是自卑情结和自卑情结导致的缺乏勇气。

设想一个同年龄的男孩处在安妮的位置上，他可能会成为一个罪犯。我们经常会遇到这样的案例。如果一个男孩在学校里失去了勇气，他很可能会四处游荡，成为帮派分子。这样的行为也很容易理解。当他失去了希望和勇气时，就开始迟到，伪造请假签名，不做作业，寻找逃学后可以去的地方。在这些地方，他会遇到有类似经历的人，他会与他们结成同伴，结果他就变成了帮派的一员。他对学校完全失去了兴趣，变得越来越偏执。

> 如果有人认为自己没什么特别的能力，那么他实际上就具有自卑情结。这样的观点本身就是自卑情结的表现。个体心理学认为"每个人都可以有所成就"。

如果有人认为自己没什么特别的能力，那么他实际上就具有自卑情结。在他看来，有些人天生有才，而有些人不是。这样的观点本身就是自卑情结的表现。个体心理学认为"每个人都可以有所成就"。如果某个人不再相信这句格言，觉得自己无法在生活的有益面实现目标，那么就说明他可能具有自卑情结。

坚信性格是遗传的也是自卑情结的表现。如果这种信念是正确的，即成功完全取决于天生能力，那么心理学家就什么都做不了。然而，成功实际上取决于勇气，心理学家的任务是将绝望转化成希望，这种希望感能够让个体集聚能量去做有意义的事情。

有的时候，我们会看到16岁的少年被学校开除后，感到绝望而自杀。自杀其实是一种报复，是对社会的谴责。这是青少年基于个人想法而不是社会常识肯定自我的方式。在这种情况下，我们要做的是说服这个男孩，帮助他重拾勇气，在生活的有益面上努力和发展。

我们还可以举出很多其他的例子，如一个 17 岁的女孩，她在家里不那么招人喜欢。家里的其他孩子都很受疼爱，她觉得家人不想要她。她变得易发脾气、好斗、不听话。这样的案例分析起来非常简单。这个女孩感觉自己不被喜欢。一开始，她会尝试争取家人的喜欢，但后来她失去希望了。直到有一天，她开始偷东西。在个体心理学家看来，孩子偷东西与其说是一种罪行，不如说是其让自己富足起来的方式。人只有在感觉失去什么的时候才会想要充实自己。这个女孩之所以去偷窃，是因为她缺乏家人的关爱并为此感到绝望。当孩子感觉自己被剥夺了什么的时候，就会开始偷东西。孩子的感觉也许不符合实际情况，但确实是其行为背后的心理原因。

另一个例子是关于一个 8 岁男孩的。他是一个私生子，相貌平平，与他的养父母一起生活。养父母不怎么照顾他，也不怎么管他。有的时候，母亲会给他糖果，这是他生活中稀有的美好时刻。后来母亲很少给他糖果了，这个可怜的男孩感觉非常痛苦。之后，他的母亲跟一个老人结了婚，生了一个女孩子。这个女孩是这个老人唯一的快乐所在，他总是溺爱她。这对夫妇之所以继续收留这个男孩，是因为如果让他到外面住的话，他们需要支付他的生活费。每次老人回家都会给他的小女儿糖果，而不给这个男孩。结果，这个男孩就开始偷吃糖果。他偷东西是因为觉得自己被剥夺了什么，想通过偷窃让自己富足起来。养父因为他偷东西而打他，但他还是会继续偷。有人可能认为这个男孩尽管被挨打仍然继续，是一种勇气，但其实不是这样的。他也总希望自己的偷窃行为不被发现。

这是一个被讨厌的小孩，他从来没有享受过公平的待遇。我们必须赢得他的信任，给他机会，让他可以享受和其他人一样的待遇。当他学会了感同身受，能够站在他人的立场上想问题，就会明白养父看到他偷东西时的感受，以及妹妹发现她的糖果被偷时的感受。在这个案例中，我们又一次看到了缺乏社会感、缺乏对他人的理解和勇气如何共同导致自卑情结的形成。

如果双方能够意识到

自己性格中的缺陷，

并且以一种平等的心态

处理婚姻中的事情，

那么他们仍然可以

圆满地解决婚姻问题。

第 11 章

恋爱和婚姻

只有能够适应社会的人才能解决恋爱和婚姻问题。大多数婚姻问题都是因为当事人缺乏社会兴趣。

为恋爱和婚姻做准备的第一步是与他人社交，融入社会。除此之外，我们还需要从童年期开始就进行性本能方面的训练，一直持续到成年期，这种训练有助于个体在未来的婚姻和家庭中获得性本能的满足。所有在恋爱和婚姻方面的能力、无能和倾向都可以在早期形成的原型中找到原因。通过观察个体的原型特征，我们就能预测出他在今后生活中可能遇到的困难。

平等原则

与一般性的社会问题性质相同，恋爱和婚姻中也充满了困难和任务，将恋爱和婚姻看作凡事都按照个体意愿发生的天堂是不对的。恋爱和婚姻中自始至终存在着种种任务，只有时刻将对方的利益放在心上才能完成这些任务。

> 恋爱和婚姻需要更强的同理心。现如今很多人都没有为家庭生活做好准备，这是因为他

> 们从来没有学会用对方的眼睛观察、用对方的
> 耳朵倾听、用对方的心感受。

与一般的社会适应问题不同，恋爱和婚姻需要更强的同理心，这是一种能够感同身受理解他人的特殊能力。现如今，很多人都没有为家庭生活做好准备，这是因为他们从来没有学会用对方的眼睛观察、用对方的耳朵倾听、用对方的心感受。

在前面的章节中，我们的大部分讨论是围绕只关心自己而不关心他人的问题儿童进行的。我们不能期望这样的孩子会随着生理上性本能的成熟而在一夜之间改变自己的性格。正如他没有为社会生活做好准备一样，他也没有为恋爱和婚姻做好准备。

社会兴趣是慢慢培养起来的，只有那些从孩童时期起就受到社会兴趣方面的训练并始终在生活的有益面努力的个体才能真正形成社会感。因此，要想判断一个人是否为恋爱和婚姻做好了准备其实并不难。

我们只需记住在生活的有益面所得到的观察。在生活的有益面努力的个体勇敢、自信。他敢于面对生活中的问题并积极寻找解决办法。他有自己的朋友，而且与邻居相处得很好。不具备这些特征的人不值得信任，他们很可能没有为恋

爱和婚姻做好准备。另外，那些有稳定工作并在工作中不断成长的人也很可能为婚姻做好了准备。我们可以通过一些微小的迹象做出判断，这些迹象虽小但非常重要，因为它们能够揭示出一个人是否具有社会兴趣。

理解了社会兴趣的本质，我们就会明白恋爱和婚姻问题只有在完全平等的基础上才能得到满意的解决。这种基本的给予 - 接受非常重要，而一方是否尊重另一方并不是那么重要。爱情本身并不能解决问题，因为每个人的爱情都是不同的。只有建立在平等的基础上，爱情发展的方向才不会出错，婚姻才能成功。

不管是男性还是女性，如果期望在结婚后成为对方的征服者，那么结果可能会很惨。以这样的想法期待婚姻不是正确的为婚姻而做的准备，婚后发生的事情会证明这一点。婚姻中本来就不应该有征服者，因此任何一方都不可能成为另一方的征服者。婚姻要求的是对对方关注以及为对方着想的能力。

为婚姻做准备

我们现在要讨论婚姻所需的特殊准备，其中包括与性本能相关的社会感的训练。事实上，每个人从孩童时期起就一直在头脑中构想自己的理想异性的形象。对于男孩来说，他的理想异性很可能就是以他的母亲为原型的，在选择结婚对象时，他会寻找与母亲相似的女性。有时候，男孩与母亲之间关系会比较紧张，这时男孩就可能会寻找与母亲完全不同的女性。男孩与母亲的关系和他今后对妻子的选择有着非常密切的关系，这一点从一些微小的细节中就可以看出，比如妻子与母亲的眼睛、身材、发色是否相似等。

如果母亲过于强势，总是压制儿子，那么在需要面对恋爱和婚姻的时候，男孩就不想勇敢地去面对。这是因为在这种情况下，男孩的理想异性很可能是柔弱顺从的女孩。或者，如果这个男孩争强好胜，那么结婚后他很可能会与妻子争斗并试图控制她。

我们可以看出，个体在童年期的表现在其面对恋爱和婚姻问题时是如何被强化和加深的。我们可以想象一个患有自卑情结的人在两性问题上会有怎样的表现。也许因为觉得自己软弱或自卑，他总想得到他人的支持。这类人的理想异性往往是母亲型的。或者为了弥补自卑感，在爱情中他会走向另一个极端，变得傲慢、无礼和强势。同样，如果没有足够的勇气，他会感觉自己的选择受限。他可能会选择一个好斗的女孩，这样的话，如果能在双方的激烈斗争中取胜，他会觉得更加光荣。

> 利用两性关系来满足自卑情结或优越情
> 结是非常愚蠢和荒谬的，但是这种情况经常发
> 生。如果一个人想要成为征服者，那么另一个
> 人也会试图成为征服者。

无论男性还是女性都不可能通过这种方式取得成功。利
用两性关系来满足自卑情结或优越情结是非常愚蠢和荒谬的，
但是这种情况经常发生。如果仔细观察，我们会发现很多人
寻找的配偶其实是受害者，因为他们不明白两性关系不应以
此为目的。如果一个人想要成为征服者，那么另一个人也会
试图成为征服者。这样的话，就不可能有两个人的共同生活。

有些人会想借助两性关系满足个人情结，明白了这一点，
很多择偶方面的奇怪现象就不难理解了。

我们知道，具有自卑情结的人不停地换工作，拒绝面对
问题，并且从来不能善始善终，在面对爱情问题时同样如此。
满足个人习惯性倾向的方式包括订下遥遥无期的婚约，或持
续不断地求爱，却绝口不提结婚。

> 儿时被宠坏的个体在婚姻中希望继续被
> 配偶宠爱。他们都想继续受宠，但都不想宠爱
> 对方。

儿时被宠坏的个体在婚姻中希望继续被配偶宠爱。这样的两性关系在恋爱阶段或婚后前几年可能不会有什么危险，但此后可能会导致比较复杂的结果。我们可以想象，两个从小被娇惯的人结婚了会发生什么。他们都想继续受宠，但都不想宠爱对方。这就好像两个人面对面站着，两人都期待从对方那里获得不可能得到的东西，并且都觉得对方根本不了解自己。

我们可以理解当一个人觉得自己的想法被误解、行为被限制时会有怎样的感受和表现。他会觉得自卑，想要逃离。这种感觉在婚姻中更加糟糕，特别是在一种极端的绝望感出现之后。这时候，报复心就会乘虚而入，一方会试图扰乱另一方的生活，而最常见的方法是背叛。婚姻中的背叛往往是一种报复。背叛配偶的人经常用爱和感情为自己辩解，但我们都知道感觉和情感的价值。感觉与优越目标是一致的，不应该被当作借口。

为了说明这一点，我们以一个从小被娇惯的女性为例。她的丈夫从前总是觉得自己的诸多权力都被他的弟弟夺走了。我们可以想象，他当时如何被这妻子的温柔可爱所吸引。作为独生女，妻子总是希望得到赏识和喜爱。他们的婚姻在孩子出生之前非常幸福。但接下来的故事就可想而知了。妻子总想被众人关注，生怕孩子会取代她的位置，因此她为生下了这个孩子而感到不开心。而丈夫也想保持自己在妻子心中的地位，担心孩子会夺取他的地位。结果，妻子和丈夫都开始怀疑对方。也许他们谁都没有忽视孩子，而且还是合格的父母，但他们心里都在担心双方对彼此的感情会变淡。这种怀疑的心态非常危险，因为当他们开始揣度对方的每一句话、每一个行为动作，甚至每一个表情时，他们很容易发现或似乎发现，双方的感情确实在变淡。凑巧，在妻子产后恢复并照顾婴儿期间，丈夫休假到巴黎旅行了几天，玩得很开心。丈夫从巴黎寄信给妻子，告诉妻子他在巴黎玩得非常开心，遇到了各种类型的人，等等。而妻子却不像以前那么快乐了，开始变得抑郁，并且患上了陌生环境恐惧症，她从此无法一个人出门。从巴黎回来后，丈夫不得不时刻陪着妻子。至少表面看来，妻子达到了她的目的，现在她得到了丈夫的关注。然而，这种满足感是不正常的，因为她感觉如果自己的陌生环境恐惧症消失了，丈夫就会离她而去。因此，她任由这种恐惧症留在自己身上。

　　生病期间，一位医生非常关心她。在这位医生的照顾之下，她感觉好了很多，并把所有的友好情感都倾注在了他的身上。后来，医生看到他的病人明显好转就离开了。她给医生写了一封感谢信，感谢他为自己所做的一切，但那位医生没有回信。从那时起，她的病情开始恶化。

这时，她开始幻想自己与别的男性私通以报复她的丈夫。然而，她的陌生环境恐惧症保护了她，因为她无法单独外出，而必须由丈夫陪着。这样，她没能成功背叛。

婚姻咨询

见识了婚姻中的诸多错误，我们不免会提出这样的一个疑问："这一切都是不可避免的吗？"我们知道这些错误都源于儿童时期，也知道通过识别原型特征可以改变错误的生活风格。因此，我们就会好奇，是否可以成立一个利用个体心理学来解决婚姻中各种问题的咨询委员会。这样的委员会由经过训练的专业人士组成，他们能够理解个体生活中发生的所有事情是如何关联在一起的，他们具有同情力，能够理解来访者。

这样的咨询委员会不会说："既然你们不能彼此认同，总是吵架，那么你们就应该离婚。"离婚有什么用呢？离婚之后又能怎样呢？通常来说，离过婚的人还想结婚，并且会继续之前的生活风格。有些人离婚多次之后仍想结婚，他们只是在重复自己的错误。这样的人应该去找咨询委员会，咨询自己在婚姻和爱情方面是否有成功的可能。或者，他们应该在离婚之前找咨询委员会聊聊。

> 许多源于儿童时期的微小错误在结婚之前似乎并不重要，但在结婚之后具有非常大的影响。

许多源于儿童时期的微小错误在结婚之前似乎并不重要，但在结婚之后具有非常大的影响。有些人总是觉得他们会失望。有些孩子总是闷闷不乐，害怕自己会失望。这些孩子要么害怕自己会失宠，要么会因为之前经历过的一次困难而迷信般地担心悲剧会重演。这种害怕失望的心态在婚姻中很容易引起嫉妒和怀疑。

当婚姻中的一方坚信另一方有可能背叛自己时，婚姻就不可能是幸福的。

人们总在不断地寻找恋爱和婚姻方面的建议，可见恋爱和婚姻被人们看作生活中最重要的问题。然而，在个体心理学看来，恋爱和婚姻问题虽然重要，但不是最重要的问题。个体心理学认为，没有哪一个生活问题比另一个生活问题更加重要。如果我们过分强调恋爱和婚姻的重要性，就可能失去生活的和谐。

> 人们之所以如此重视恋爱和婚姻问题，也许是因为不像其他问题，我们从来没有在这方面得到正规的指导。

　　人们之所以如此重视恋爱和婚姻问题，也许是因为不像其他问题，我们从来没有在这方面得到正规的指导。我们来回顾一下生活的三大问题。第一大问题是社交问题，这关系到我们如何与他人相处，从出生的第一天起，我们就开始学习这件事情了。第二大问题是工作问题，在这方面我们也会接受规范的训练，有专业人员会在工作技能上指导我们，我们也会从书籍上学习相关知识和技能。第三大问题是恋爱和婚姻问题。虽然有很多关于恋爱和婚姻的书籍，但这些书都在描述爱情故事，而很少谈论幸福的婚姻。我们的文化与文学密切相关，当人们从文学作品中阅读到的总是那些时时刻刻处于困境中的男女主人公时，也就难怪他们在面对现实生活中自己的婚姻问题时会显得过于谨慎了。

　　男性和女性在爱情生活中总会经历各种危险。我们的教育也是如此教育孩子的。教育不应该让孩子觉得恋爱和婚姻是罪恶的，而应该训练女孩在婚姻中更好地扮演自己的女性角色，男孩更好地扮演自己的男性角色。这些方面的教育要让男女双方觉得他们是平等的。而要做到这一点，我们必须首先摒弃男尊女卑这一错误观念。

　　接下来，我们举一个例子说明有些人完全没有为婚姻做好准备。在一个舞会上，一位年轻的男子正与他漂亮的未婚妻跳舞，突然男子的眼镜掉在了地上。为了捡起自己的眼镜，这名男子差点儿将自己的未婚妻撞倒，这让在场的人大笑不止。有个朋友问他："你这是干什么？"他答道："我不能让她踩坏我的眼镜。"由此可见，这名男子根本没有为婚姻做好准备。事实上，那个女孩最终没有嫁给他。

后来，这名男子找到医生，说他得了抑郁症，这种情况常常发生在那些过于关注自己的人身上。

有很多迹象可以表明一个人是否为婚姻做好了准备。那些没有正当理由而总是在约会中迟到的人在爱情和婚姻方面是不值得信任的。这一行为说明他内心是犹豫的，是他还没有准备好面对生活问题的一个迹象。

> 如果夫妻中的一方总想教育或批评另一方，那么说明他还没有为婚姻做好准备。过于敏感也是不好的迹象，是自卑情结的表现。

如果夫妻中的一方总想教育或批评另一方，那么说明他还没有为婚姻做好准备。过于敏感也是不好的迹象，是自卑情结的表现。那些没有朋友或不合群的人也没有为婚姻生活做好准备。迟于开始工作也不是好征兆。悲观的人在各方面都不适应，因为他缺乏面对问题的勇气。

尽管有诸多的不如意，但选择一个合适的对象并没有那么难。我们无法期望找到心中的理想对象。而事实上，如果有人一直试图寻找心目中的理想异性作为结婚对象，那么他是不可能找到合适的结婚对象的。我们可以确定这样的人总是犹豫不决，根本不想结婚。

德国有一种古老方法可以判断一对情侣是否为婚姻做好了准备。这是农村地区的一个习俗，就是情侣拿到一个双柄锯子，每个人抓着一头开始锯树干，双方的亲友围在旁边观看。锯树干是两个人的任务，双方都必须关注对方的动作，并与对方的动作协调一致。这种方法可以很好地检测出情侣双方是否为婚姻做好了准备。

作为总结，我们要重申：只有能够适应社会的人才能解决恋爱和婚姻问题。大多数婚姻问题都是因为当事人缺乏社会兴趣，只有当事人有所改变，这些问题才有可能消除。婚姻是两个人的事，而我们所接受的教育都是教我们单独做事或者20个人一起做事，从来没有教我们两个人如何配合。尽管缺乏这方面的教育，但如果双方能够意识到自己性格中的缺陷，并且以一种平等的心态处理婚姻中的事情，那么他们仍然可以圆满地解决婚姻问题。

> 如果双方能够意识到自己性格中的缺陷，并且以一种平等的心态处理婚姻中的事情，那么他们仍然可以圆满地解决婚姻问题。

毋庸置疑，婚姻的最高形式是一夫一妻制。然而，很多人以伪科学的理由声称多配偶制更符合人类的本性。这种说法很难被接受，因为在我们的文化中，恋爱和婚姻是社会任务。我们结婚不仅仅是个人利益，也是间接地为了社会利益。而婚姻的终极目的是种族的延续。

第 12 章

性欲和性问题

性欲在生命早期就出现了。性驱力应该被约束在一个有意义的目标之内。

在前一章中，我们讨论了关于恋爱和婚姻的一般问题。我们现在要讨论这个问题中更具体的一个方面，即性欲及其与真实的或幻想的性异常之间的关系。我们知道，与生活中的其他问题相比，大多数人在恋爱和婚姻方面的准备不够充分，接受的训练也相对更少，而在性问题上更是如此。关于性欲，有大量的迷信都必须消除。

最常见的迷信是关于性特征的遗传性的，即性欲强弱是遗传的，后天无法改变。我们都知道，遗传性很容易被用作借口或托词，而这些托词会阻碍人们的努力和进步。因此，我们有必要在此阐释一些科学观点。一般的外行人过于看重这些迷信观点，他们没有意识到提出这些观点的人只是呈现了结果，却既没有讨论可能的性压抑程度，也没有讨论人工刺激对结果产生的影响。

早期训练

性欲在生命早期就出现了。如果护士或父母观察得足够仔细的话，他们会发现刚出生的婴儿就有一些性冲动和性动作。然而，性欲的这种表现对环境的依赖远远超过人们的预期。因此，当孩子开始表现出性欲时，父母应该想办法转移他的注意力。但通常，父母们不能采用正确的方法达到这一目的，而有时即使知道正确的方法，也没有办法付诸实施。

如果孩子在生命早期没有发现性器官的正确功能，那么今后他可能会产生更强烈的性欲望。同样的事情发生于身体的其他器官，性器官当然也不例外。但如果尽早开始对孩子进行正确引导，那么就有可能及时给予孩子正确的训练。

一般来说，童年期的性表现是很正常的，所以我们没有必要因为孩子的某些性动作而感到惊慌失措。我们应该做的是密切关注、耐心等待，站在一旁留心观察孩子的性表现，确保孩子的性欲没有朝错误的方向发展。

> 一般来说，童年期的性表现是很正常的，我们应该做的是密切关注、耐心等待，站在一旁留心观察孩子的性表现，确保孩子的性欲没有朝错误的方向发展。

个体的某些问题本来是童年期的自我训练导致的，但人们倾向于将这些问题归因于遗传上的缺陷。有时候，个体的这种自我训练行为本身也被认为是遗传的。因此，如果一个孩子对同性比对异性更感兴趣，人们便认为这是一种遗传缺陷，但实际上这个问题是逐渐形成的。有时候，一个孩子或成人表现出性异常行为，很多人同样认为这个问题是遗传的。但如果是这样的话，人们为什么还要不停地训练自己呢？人们为什么还要在梦中排练自己的动作呢？

　　有些人会在某个时候停止自我训练，这种情况可以用个体心理学来解释。比如，有些人害怕失败，他们有自卑情结。或者他们过于努力，结果产生了优越情结，在这种情况下，我们会观察到一些夸张的行为，像是在过分强调自己的性欲。这类人的性能力可能确实比其他人强。

　　这种过分强调性欲的行为很可能主要是被环境激发的。我们知道，图片、书籍、电影和某些社交行为总是倾向于凸显性驱力。在我们这个时代，几乎所有事物都倾向于助长人们对性的夸张的兴趣。但是，我们也没有必要为了说明现如今人们过于强调性，而贬低性驱力的重要性以及它在爱情、婚姻和人类繁衍中的重要作用。

　　父母在照顾孩子时最警惕的是孩子表现出夸张的性倾向。因此，母亲通常过于关注孩子在儿童期最先表现出来的性行为，使得孩子也高估了它的重要性。母亲可能会感到惊慌失措，而把精力都花在了孩子身上，不停地与孩子就这些事情进行交谈，并且为此惩罚孩子。我们知道，许多孩子希望自己成为他人关注的焦点，他因为知道自己会被责骂而得到关注，所以会继续同样的行为。所以，父母最好不要和孩子过于强调这个问题，而应把它当成普通的困难来处理。如果不让孩子看出你很在意这个问题，那么事情就会容易得多。

有的时候，对孩子的一些行为习惯可能会将孩子引向某个方向。有的母亲不仅非常喜爱自己的孩子，还会通过亲吻、拥抱等行为表达自己的喜爱。尽管很多母亲表示她们很难控制自己不这样做，但这种行为确实不应该做太多。事实上，这样的行为不是母爱的表现，倒像是在对待敌人而不是对待自己的孩子。被溺爱的孩子的性方面发展得不是很好。

> 有的时候，对孩子的一些行为习惯可能会将孩子引向某个方向。有的母亲不仅非常喜爱自己的孩子，还会通过亲吻、拥抱等行为表达自己的喜爱。但这种行为确实不应该做太多。

性欲依赖于生活风格

许多医生和心理学家认为，性欲的发展不仅是个体整个心理发展的基础，也是一切身体活动发展的基础。在我看来，这种观点是错误的，我认为性欲的形成和发展都依赖于个性，也就是生活风格和原型。

　　因此，如果我们知道一个孩子以某种方式表达他的性欲，另一个孩子却压抑自己的性欲，那么我们就可以猜测出这两个孩子成年之后的情况。如果某个孩子总想成为他人关注的焦点，并且希望征服他人，那么他会为了这样的目标来发展自己的性欲。

　　很多人相信，如果通过多配偶制的形式来表现自己的性本能，就会体现自己的优越性和控制他人的能力。因此，他们会与很多人发生性关系。我们不难从中看出他们故意强调自己的性欲望和性态度。这是有心理原因的，他们认为这样自己会成为征服者。这当然是一种幻想，却是自卑情结的补偿。

　　自卑情结是性异常的根源。具有自卑情结的人总是寻找最容易的解决办法。有的时候，他找到的最容易的方式是排除大部分日常生活，而夸大性生活。

　　我们经常会在孩子身上发现这种倾向，通常是那些总想"占用"他人的孩子。他们不停地制造麻烦以占用父母和老师的精力，在生活的无益面付出努力。在以后的生活中，他们会以同样的倾向占用其他人，希望通过这种方式获得优越感。这样的孩子在成长过程中会混淆性欲望和征服欲以及对优越的渴望。性异常的人通常会过分强调自己的性欲。他们实际上是通过夸大自己的性异常倾向来逃避正常的性生活问题。

只有了解了他们的生活风格，我们才能明白这一切。有些人总想得到异性的关注，但又不相信自己能够吸引异性。他们在异性问题上的自卑情结可以追溯到童年期。例如，如果男孩子发现家里女孩的行为和母亲的行为比自己的行为更有吸引力，他们会认为自己永远不会引起女性的注意。他们是如此崇拜异性，以至于开始模仿异性的行为。所以，我们会发现有些男性的行为举止非常女性化。同样，有些女孩非常男性化。

> 只有了解了他们的生活风格，我们才能明白这一切。有些人总想得到异性的关注，但又不相信自己能够吸引异性。他们在异性问题上的自卑情结可以追溯到童年期。

有一个案例能够很好地说明我们讨论的这些倾向的形成。患者被指控是虐待狂，犯有虐待儿童罪。通过询问这位男子的成长经历，我们知道他的母亲非常专横，总是批评他。尽管如此，他在学校里仍是一个聪明的好学生，但他的母亲从来没有对他优秀的学业成绩满意过。因此，他试图将母亲排除在他喜欢的家人之外。他不再关心母亲，整天和父亲待在一起，并且非常依赖父亲。

我们明白，这样的孩子可能会认为所有的女性都是严厉
又苛刻的，与女性的接触毫无乐趣可言，除非万不得已，他
不会去接触女性。就这样，他开始排斥女性。此外，他在害
怕时总是会感到性兴奋。因为备受焦虑和性兴奋的折磨，所
以他总是寻找能让自己感到安全的环境。之后，他会惩罚或
折磨自己，或者看着小孩受折磨，甚至幻想自己或他人受折
磨。在真实或幻想的折磨自己或他人的过程中，他都会感受
到性兴奋和性满足。

这位男子的案例表明了错误训练的后果。他从来都不明
白自己的种种习惯之间的关系，或即使他明白了，也为时已
晚。在 25 岁或 30 岁时才开始接受训练当然是非常困难的，
恰当的时机应该是在童年早期。

其他因素

但在童年时期，事情会因为孩子与父母的心理关系而变
得非常复杂。糟糕的性训练会导致孩子和父母之间的心理冲
突。一个处于青春期的好斗的孩子可能会滥用性欲来故意伤
害他的父母。孩子们会通过这种方式报复自己的父母，尤其
是在他们知道父母对这种事情非常敏感的情况下。

> 一个处于青春期的好斗的孩子可能会滥用性欲来故意伤害他的父母。

避免孩子使用这种攻击方式的唯一方法是让他们学会为自己负责，这样他们就会明白这个问题不只关乎父母的利益，还关乎他们自己的利益。

> 避免孩子使用这种攻击方式的唯一方法是让他们学会为自己负责，这样他们就会明白这个问题不只关乎父母的利益，还关乎他们自己的利益。

社会性解决方案

过分放纵任何一种欲望或过度发展任何一种兴趣，都会破坏生活的和谐。心理学编年史中记载了很多过分发展兴趣或过度放纵欲望的案例，有些患者甚至患上了强迫症。我们非常熟悉的案例是关于吝啬鬼的，他们过于看重金钱。但也有人认为干净是最重要的，他们把清洗排在所有其他活动之前，有时还会不分白天黑夜地清洁打扫。还有些人认为吃是最重要的，他们一天到晚都在吃，只对食物感兴趣，而且只谈论吃。

　　性放纵的人也是如此，他们的生活不再和谐，最终将自己的整个生活风格拉向了生活的无益面。

　　在恰当的性本能训练中，性驱力应该被约束在一个有意义的目标之内，而个体的所有活动也都体现在这个目标中。如果这个目标是恰当的，那么性欲和其他欲望都不会被过分强调或夸大。

　　然而，尽管所有的欲望和兴趣都应该被控制而且要彼此和谐，但完全抑制它们也是有危险的。以饮食为例，如果过度节食，个体的心理和身体都会受损。同样，在两性问题上，完全禁欲也是不值得提倡的。

> 如果过度节食，个体的心理和身体都会受损。同样，在两性问题上，完全禁欲也是不值得提倡的。

　　这就意味着，在正常的生活风格中，性欲会得到恰当的表现。这并不是说仅仅通过自由的性欲表达就可以克服神经症，毕竟神经症是生活失衡导致的。一个广为传播的观念是：被压抑的性欲是导致神经症的原因。这是错误的。恰恰相反，很多人患上神经症是因为他们找不到释放性本能的恰当途径。

　　有些神经症患者得到的建议是更加自由地表达他们的性

本能。他们采纳了这一建议，结果病情更加严重了。事情之所以这样发展，是因为他们没有将自己的性生活约束在对社会有益的目标之内，而这种目标本身就可以让神经症患者的病情好转。因为神经症是由生活风格导致的疾病，所以性本能的释放并不能治愈神经症，要想治愈这种病症，只能从个体的生活风格着手。

在个体心理学家看来，一切都非常清楚了，他会毫不犹豫地将幸福的婚姻看作唯一可以圆满解决性问题的方法。但是，神经症患者不喜欢这种方法，因为他们通常非常怯懦，没有为社会生活做好准备。同样，那些过于强调性欲、提倡多配偶制、同居或试婚的人，都不想用社会性的方法解决两性问题。他们没有耐心基于夫妻双方的共同利益来解决社会适应问题，梦想找到某种新的方法来逃避两性问题。然而，有时候最艰难的道路才是真正的捷径。

一般来说，童年期的性
表现是很正常的，我们
应该做的是密切关注、
耐心等待，站在一旁留
心观察孩子的性表现，
确保孩子的性欲没有
朝错误的方向发展。

第 13 章

结　　论

至此，我们要对所有的研究结果做一个总结。我们毫不犹豫地承认，个体心理学的方法以自卑问题开始，也以自卑问题结束。

　　我们知道，自卑是个体努力和获得成功的基础。然而，自卑感也是所有心理问题的根源。如果个体不能为自己找到具体合适的优越目标，就会产生自卑情结。自卑情结会引发一种逃避欲望，这种逃避欲望会表现为优越情结，而优越情结只不过是生活无益面的一个目标，让个体从一种错误的成功中获得满足。

　　这是心理世界的动力机制。更具体来说，心理技能方面的问题在某些时候比在其他时候更加有害。生活风格形成于童年期的倾向，即四五岁时形成的原型。这样一来，对个体心理生活的指导就完全落在了对儿童的正确引导上。

　　关于对儿童的引导，我们说过，最主要的目标是培养儿童恰当的社会兴趣，使其形成有用且健康的人生目标。只有训练孩子去适应社会，人类普遍具有的自卑感才能得到有效约束，以防止产生自卑情结和优越情结。

> 社会适应与自卑问题是相对的。人类正
> 是因为个体的劣势和软弱才会共同生活在社会
> 中。因此，社会兴趣和社会合作挽救了个人。

社会适应与自卑问题是相对的。人类正是因为个体的劣势和软弱才会共同生活在社会中。因此，社会兴趣和社会合作挽救了个人。